河北省科技厅软科学研究项目（编号：164576108D）
“人口、资源与环境经济学”河北省重点学科资助

Hebeisheng Shuiziyuan he Shuihuanjing
Zhengce Dongtai Moni Yanjiu

河北省水资源和水环境政策动态模拟研究

张国丰 马晓静 / 著

中国财经出版传媒集团
经济科学出版社
Economic Science Press

图书在版编目（CIP）数据

河北省水资源和水环境政策动态模拟研究／张国丰，马晓静著．—北京：经济科学出版社，2017.11

ISBN 978－7－5141－8688－8

Ⅰ．①河…　Ⅱ．①张…②马…　Ⅲ．①水环境－环境政策－研究－河北　Ⅳ．①X321.222

中国版本图书馆CIP数据核字（2017）第283352号

责任编辑：张　燕
责任校对：靳玉环
责任印制：邱　天

河北省水资源和水环境政策动态模拟研究
张国丰　马晓静　著
经济科学出版社出版、发行　新华书店经销
社址：北京市海淀区阜成路甲28号　邮编：100142
总编部电话：010－88191217　发行部电话：010－88191522
网址：www.esp.com.cn
电子邮箱：esp@esp.com.cn
天猫网店：经济科学出版社旗舰店
网址：http：//jjkxcbs.tmall.com
固安华明印业有限公司印装
710×1000　16开　9.75印张　200000字
2017年11月第1版　2017年11月第1次印刷
ISBN 978－7－5141－8688－8　定价：35.00元
（图书出现印装问题，本社负责调换。电话：010－88191510）

前　言

水资源短缺和水环境污染是制约社会经济可持续发展的主要原因之一。随着河北省城镇化进程加快、人口数量增加和经济快速增长，河北省的资源、环境承载力压力逐年增大，水资源短缺和水环境污染情况尚未好转，农业用水效率低下、地下水超采、污水处理率低、再生水利用少等一系列水资源和水环境问题亟待解决。本书的目的是通过模拟实验的方法找到河北省解决水资源短缺和水环境污染的最优路径，为河北省实现社会经济、水资源和水环境可持续发展提供实验数据支持。

本书共分为五个部分。

第一部分提出本书研究的理论基础和研究方法。通过文献分析我们发现，学者们已经对可持续发展理论、低碳经济理论和循环经济理论的内涵达成共识，并广泛应用于指导新时代背景下的社会经济活动；水资源、水环境和社会经济之间的耦合度研究，水资源、水环境和社会经济发展的模型研究，污水处理技术对社会经济和环境的影响综合评价研究是目前解决水资源短缺和水环境污染问题的研究热点。

第二部分详细分析了研究区域的社会经济、水资源和水环境发展现状及存在的问题。通过分析我们发现，河北省水资源供需矛盾突出，2006～2015年平均水资源缺口52亿立方米；水资源利用效率还很低下，2015年单位GDP耗水量分别是北京和天津的3.8倍和4倍；河北省水环境污染尚未得到根本改善，50%的湖泊为劣五类水，七大水系中超过36%的地表水是五类和劣五类水。河北省出台的水资源利用和水环境改善政策的效果还尚未得知。

第三部分构建了河北省水资源、水环境治理政策动态最优化综合评价模型。该模型包括一个目标函数，即社会经济最大化发展和三个子模型，包括经济增长模型、水资源平衡模型和水污染物质排放模型。选取2012年数据作为基期数据，将河北省水资源和水环境治理政策作为外生变量写入模型，并将模型公式化、程序化。

第四部分进行了模拟实验，并对实验结果进行分析。通过比较分析不同情景下河北省社会经济、水资源和水环境的各项指标，选取了实现河北省社会经济、水资源和水环境可持续发展的最优情景。在最优情景中，河北省2012~2030年经济平均增长率为5.38%；2030年比2012年化学需氧量（COD）减少37%，总氮减少26%，总磷减少19%；到2030年地表水、地下水、调入水和再生水占水资源总量的比例分别为18.76%、50.86%、15.45%和14.92%，地下水占水资源总量比例逐年下降，地下水资源过度开发情况得到缓解，2030年水资源消耗强度减少到32立方米/万元GRP，比2012年减少57%。

第五部分提出河北省实现社会经济、水资源和水环境发展的政策建议。研究发现，财政补贴家用节水技术、农业灌溉技术和引进新污水处理技术建设新污水处理厂的综合政策组合可以较好地节约水资源和改善水环境，同时提高资源经济效率和环境经济效率。为保证模拟实验中预测的各项社会经济、资源和环境指标能够实现，河北省从2017年到2030年需要财政补贴各项污水处理政策和节水政策共572.26亿元，其中补贴新建污水处理厂468.49亿元，占财政补贴的81.72%，补贴节水技术104.77亿元，占财政补贴的18.28%。

本书的主要贡献是构建了具有河北省区域特点的水资源、水环境治理政策动态最优化综合评价模型，并根据模拟实验结果提出了实现河北省社会经济、水资源和水环境发展的政策建议。书中构建的综合评价模型是开放的模型，可以为其他区域水资源和水环境管理提供借鉴，也可以为土地资源、矿产资源等其他资源和环境管理提供模型借鉴。

本书是河北省科技厅软科学研究项目：水资源、水环境承载力约束下河北省社会经济发展研究（项目编号：164576108D）的研究成果，在项目组成员的共同努力下完成。河北地质大学经济学专业的郝晓晓、李慧敏同学在数据收集和模型构建方面做了大量工作，在此表示感谢。

本书出版得到了河北地质大学省级重点学科“人口、资源与环境经济学”的经费资助，特此致谢。

作　者

2017 年 10 月

Contents

目录

第1章
导 论

1.1 研究背景

城市化是现代化的基本进程和重要标志。根据我国“十三五”规划，中国城市化水平预计将达到甚至超过60%。随着城市化和工业化进程的快速发展，城市人口急剧增加，城市规模迅速扩大，工业废水和城市生活污水大量排放。2015年，我国城市污水排放总量达到735亿吨，化学需氧量（COD）排放总量2223万吨，总氮排放量461万吨，总磷排放量55万吨。由于产业结构不合理，污水处理设施不完善，以及经费短缺等原因，现有污水处理设施不能正常运转。城市水环境污染、水系统生态破坏和居民健康威胁等问题日益突出。如何实现水资源可持续开发利用和减少水环境污染已经成为我国城市经济、社会和环境可持续发展的关键问题。

河北省是严重的资源型缺水省份，多年平均水资源量为204亿立方米，人均水资源量是全国的1/7，水资源缺乏和水环境恶化已经成为制约河北省社会经济发展的主要因素。根据《河北省环境公报2013》数据，七大水系中V和劣V类水质比例为39.3%，IV类水质比例为12.1%，I～III类水质比例仅占48.6%；主要污染物氨氮浓度均值比2012年上升20%。目前，水资源短缺、水环境污染问题尚未得到根本解决。

1.2 理论基础

1.2.1 可持续发展理论

可持续发展的概念来源于18世纪“自然平衡思想”（王淼洋，1997）。但这种思想开始并没有引起人们的注意，直到1962年，美国海洋生物学家莱切尔·卡里逊的《寂静的春天》一书出版，这种思想才被重视。在1972年出版的《增长的极限论》中，这种自然平衡思想再次被详细阐述。1981年，美国学者布朗才首次提出可持续发展的概念（杜也力，1997）。世界环境与发展委员会（WCED）在1987年发表的学术报告《我们共同的未来》中，将可持续发展定义为“可持续发展是既满足当代人的需求，又不对后代人满足其需求的能力构成危害的发展”。以后的十年里，学者们对可持续发展的概念进行了进一步的补充，主要从可持续发展的生态属性、社会属性、经济属性、科技属性和代际发展等角度进行研究（汪安佑，雷涯邻等，2011）。

皮尔斯和沃福德（Pearce and Warford，1993）从经济学属性对可持续发展进行了定义，他们认为，可持续发展应该保证当代人的福利增加时，不减少后代人的福利。马宗晋（1996）总结了社会属性的可持续发展定义，寻求一种最佳的生态系统，以支持生态的完整性和人类愿望的实现，使人类的生存环境得以持续。杨光（1998）从科技属性角度定义可持续发展，他认为可持续发展的战略性和科学技术的功能性具有一致的目的性。叶文飞（2001）认为可持续发展和生态保护是一个整体。其发展本质是一种生态发展（王强，2001）。生态属性的可持续发展定义以代际生态伦理为基础，核心思想是将人类看成共同体，在全球范围内配置资源和保护生态环境，实现资源的永续利用和环境的不断改善（吕红平，2001）。廖小平（2004）从代际公平属性定义可持续发展为当代人和子孙后代在资源分配上的公平和当代人在环境保护上对子孙后代应尽的义务。虽然，可持续发展理论没有统一的定义，但是人们对可持续发展的特征已经有了广泛的共识，即在当代和代际之间实现经济可持续性、生态可持续性和社会可持续性发展。

21 世纪初期，可持续发展理论的研究已经从最开始阐述可持续思想和概念转移到可持续发展理论的应用研究。研究领域包括贸易可持续发展，城市可持续发展，产业可持续发展，金融可持续发展，资源可持续发展等（朱显梅，2006；周四清，2007；王恒，2010；佟硕，2013；朱运爱，2014）。

1.2.2 低碳经济理论

2003 年，英国政府的《能源白皮书》首次提出了“低碳经济”（low-carbon economy）概念，低碳经济随之引起了国际关注（鲍健强，2008）。低碳经济是以低能耗、低污染、低排放为基础的经济模式，其实质是提高能源利用效率和清洁能源结构问题，核心是能源技术创新、制度创新和人类生存发展观念的根本性转变。

我国学者对低碳经济理论进行了广泛的研究。庄贵阳（2005）认为，低碳经济实质是提高能源效率和清洁能源结构问题，核心是能源技术创新和制度创新，且围绕低碳经济的能源和产业新技术开发应用有助于我国改变传统的社会经济发展模式，有利于缓解经济增长与资源环境之间的尖锐矛盾，促进全面建设小康社会目标的实现。胡鞍钢（2007）在评价政府间气候变化专门委员会（IPCC）报告基础上分析了气候变化对中国发展带来的七大挑战，认为中国应该加强节能减排，实现从高碳经济向低碳经济转变。张坤民（2008）从能源角度分析了我国发展低碳经济面临的挑战，他认为要构建支持经济社会的可持续发展的能源战略。夏堃堡（2008）认为，低碳经济是实现城市可持续发展的必由之路，要实行低碳生产模式和消费模式，大力发展循环经济和清洁生产。潘家华（2008）提出碳预算约束的观点，他认为碳可以进行市场交易。张世秋（2008）提出通过制度创新和政策变革促进低碳经济发展的观点。付允（2008）从发展方向、发展方式和发展方法的角度研究了低碳经济的发展模式。

总之，我国许多学者都认为中国要积极发展低碳经济，来应对全球气候变暖和环境恶化问题，并提出中国要以此为契机加快经济结构调整，实现经济、环境可持续发展。

1.2.3 循环经济理论

美国经济学家波尔丁在20世纪60年代首次提出“循环经济”一词，他认为，只有实现对资源循环利用的循环经济，地球才能得以长存。20世纪70年代开始，循环经济理念对人类生产和生活产生了深远的影响，人们开始关心对污染物和废弃物的无害化处理和资源化利用。20世纪90年代以来，知识经济和循环经济成为国际社会的两大趋势。中国从20世纪90年代起引入了关于循环经济的思想，此后对于循环经济的理论研究和实践不断深入。

循环经济即物质闭环流动型经济，是指在人、自然资源和科学技术的大系统内，在资源投入、企业生产、产品消费及其废弃的全过程中，把传统的依赖资源消耗的线形增长的经济，转变为依靠生态型资源循环来发展的经济。

循环经济的内涵有广义和狭义之分（马莉莉，2006）。狭义的循环经济将经济生产活动设定为“资源—产品—再生资源”的闭环式流程（诸大建，2003；毛如柏，2003）。通过废弃物的循环再生利用来实现节约资源、减少污染和发展经济的目的。

广义的循环经济理论认为，经济系统、社会系统和环境系统是一个综合系统，循环经济是人类在这个综合系统内进行资源投入、企业生产、产品消费及排放废弃物的过程中不断提高资源利用效率，把传统的、依靠资源消耗增加发展转变为依靠生态型资源循环发展的经济（吴季松，2003）。人类社会生产活动应该遵循经济、社会和环境发展规律，实现物质、能量、信息和价值的循环流动。

虽然目前关于循环经济理论还没有统一的定义，但是循环经济中关于资源循环利用的核心理念以及减量化、再利用和再循环的经济活动准则已经被广泛认同。各国都将这一理论作为指导社会经济生产活动的理论指导，并付诸实践。

1.3 研究现状综述

资源禀赋和环境约束是影响社会经济发展的重要因素（Kennis，1968）。国内外关于水资源、水环境和社会经济发展影响的研究主要有三个方面。一是侧重水资源、水环境和经济之间的耦合度研究；二是侧重水资源、水环境和社会经济发展的模型研究；三是侧重污水处理技术对社会经济和环境的影响评价研究。

1.3.1 关于水资源、水环境和经济之间耦合度研究

日本筑波大学冰雹杨四郎（Higano，1997）分析了日本霞浦湖流域水资源、水环境和社会经济发展之间的耦合关系，并以此为基础创建了该流域水资源、水环境和社会经济发展动态线性综合评价模型。水野谷（Mizunoya，2007）在此基础上将该流域划分为若干子区域，并将这种耦合关系研究深入到各个子区域中。曹利军（1998）利用紧缺度指数测量水环境与经济发展之间的耦合关系。蔡继（2007）运用关联度分析方法探索了河北省产业结构构成变化与其水资源可持续利用发展水平的相关关系，认为产业结构调整与水资源可持续利用诸因素间存在耦合关系。徐志伟（2013）运用 SBM 方向性距离函数对 2000～2010 年中国 30 个省份水资源与水环境双重约束下的工业效率进行了测度，并对效率的影响因素进行了回归分析，发现在水资源和水环境双重约束下工业效率存在省际间和区域间差别。张国丰（Zhang，2013）研究了北京市水资源、水环境和社会经济之间的耦合关系，并利用水污染排放系数、水资源利用系数等拟合资源、环境和社会经济之间的关系。相楠（Xiang，2014）用同样的方法研究了天津市水资源、水环境和社会经济之间的耦合关系，并以此为基础实证研究了再生水利用对天津市社会经济和环境的综合影响。孙才志（Sun，2014）利用数据包络分析模型评估了中国 1997～2011 年各省水资源利用效率，分析了工业产值、用水总量、外商投资、教育

经费等方面与水资源利用之间的耦合关系。

从现有文献的研究结果看，资源、环境和社会经济之间的耦合关系是建立社会经济发展最优化模型的基础。但是由于资源和环境禀赋存在区域差异，资源、环境和经济之间的耦合关系区域差异较大，没有统一的规律遵循。所以，在进行实证研究和预测研究时要根据研究区域实际情况，具体分析三者之间的耦合关系，并在此基础上创建研究区域社会经济发展最优化模型。

1.3.2 关于水资源、水环境和社会经济发展的模型研究

皮尔森（Pearson，1982）利用系统控制的方法推导出英国最小用水控制线。我国学者贺北方（1988）从区域水资源开发系统的特性出发，较早地提出了区域可供水资源优化分配的大系统逐级优化模型。唐（Tang，1995）在此基础上利用多目标递阶动态规划方法求解多目标规划模型，取得太子河流域水资源优化配置的最佳方案。拉克西米（Laxim，2006）创建农业水资源优化利用的线性规划模型，并利用 QSB（Quantitative Systems for Business）软件进行求解。陈南祥（2006）运用一种基于目标排序计算适应度的多目标遗传算法（MOGA），将水资源优化配置问题模拟为生物进化问题，通过判断每一代个体的优化程度来进行优胜劣汰，从而产生新一代，如此反复迭代完成水资源优化配置。赵海霞（2010）基于投入产出模型建立了水环境和水资源约束下的工业部门经济增长模型，并以广西钦州市为例进行了实证研究。西明（Simin，2013）利用灰色模糊规划法研究了伊朗亚兹德地区的自来水，工业用水和农业用水的优化配置问题。李璇（2013）构建了基于经济效益、社会效益和水环境效益的产业结构多目标规划模型，比较了近期、中期和远期三种情景下洱海流域产业规划方案，为该地区产业结构调整提供了数据和实验支持。黄（Huang，2014）创建了不确定条件下多阶段规划模型，并对塔里木河流域的水资源优化管理进行了仿真模拟。穆罕默德·谢里夫（Mohammed Sharif，2014）比较了 LINGO 和 DDDP（Discrete Differential Dynamic Programming）求解线性水资源优化利用模型问题的优缺点，认为不论是从求解时间，还是模型维度限制等方面，lingo 模型都具有较强的优越性。

从现有文献看，基于可持续发展理论的水资源、水环境和社会经济可持续发展模型可以为资源配置、经济发展和环境改善提供定量分析基础，但是多数模型求解难度较大，模型受变量个数和模型规模限制，很难建立贴近现实的优化模型。所以，学者们研究的重点都侧重于寻找更好的模型求解方法。目前，根据研究区域的实际情况分析资源、环境和经济三者的耦合关系，构建符合研究区域特点的优化模型，并将人工智能、计算机模拟等技术用于模型求解，以此降低模型求解难度，减少模型受规模、变量的限制已经成为主流的研究方向（陈太政，2013）。

总之，根据上述分析，本书拟根据河北省社会经济和环境发展现状，基于投入产出表创建河北省水资源、水环境和社会经济可持续发展线性动态最优化综合模型，并利用 LINGO 软件进行动态模拟实验研究。根据模拟实验结果，分析水污染物质减排、经济结构优化调整、先进的污水处理技术、水资源供需结构调整等措施对河北省社会经济发展的影响；预测水资源和水环境承载力约束下河北省经济发展情况，为实现社会经济发展，水资源优化利用和水环境改善等提供理论和实验依据。利用 LINGO 软件求解模型，降低了模型求解难度，建模不受变量个数和模型规模限制，模型能够更好地模拟河北省特有的水资源、水环境和社会经济发展之间的耦合关系，实验结果预测更贴近现实。

1.3.3 关于水环境改善政策的动态最优化综合评价模型研究

动态最优化综合评价模型的理论研究始于 20 世纪 60 年代，通过投入产出模型扩展到自然资源和环境研究领域。20 世纪末，开始进行应用研究。日本学者在新能源利用和水环境保护方案的社会经济和环境影响评价方面取得了较大进展。2006 年，日本筑波大学的冰雹杨四郎教授基于物质平衡、能源平衡和价值平衡，构建了动态最优化综合评价模型，评价了生物质利用和污水处理方案对日本第二大湖（霞浦湖）的社会经济和环境改善的综合影响，在生物质能源利用和水环境改善方案模拟与评价方面取得了领先地位（Higano，2006）。

我国学者在此基础上，构建了适合我国社会经济和环境特点的动态模型，分别应用于水环境改善方案评价（Zhang，2013；Yan，2014a，2014b；Xiang，2014，2015；Xu，2015；Yang，2015a，2015b）和新能源利用、碳减排方案评价（Xu，2013；Song，2015a，2015b，2015c；Zhou，2016）。将动态线性规划和投入产出模型有机结合的动态最优化综合评价模型，可以将“自上而下”的宏观环境经济评价模型（以投入产出模型为基础）与“自下而上”的技术评价模型有机结合（Xiang，2014）。

这类模型的特点是不受模型规模和变量限制，能将多种方案同时嵌入模型进行综合评估。在动态最优化模型中，既可以将经济增长设为目标函数，以资源利用效率和环境污染水平为约束条件，讨论最优的经济发展路径，又可以将环境污染最小化设为目标函数，以经济增长率和资源利用效率为约束条件，探讨最优的环境改善路径，同时，还可以根据外部环境变化或发展目标的需要，进一步设定更加具体和细化的目标函数和约束条件（张国丰，2014）。

1.3.4 关于 MBR 污水处理技术研究

膜生物反应器（MBR）污水处理技术是当今最先进的污水处理技术之一，在我国已经被广泛使用。对该技术的评价，从研究内容上看，纽文胡伊森（Nieuwenhuijzen，2008）认为，MBR 技术的研究分为四个方面：膜污染研究，污染物质去除效率研究，能源消耗研究和综合成本研究。木村（Kimura，2005），里·克莱什（Le-Clech，2006），孟（Meng，2009）约翰－保罗（Nywening John-Paul，2009）认为，前两种研究侧重于寻找一种技术工艺，最大程度上减少膜污染和提高水污染物质去除效率。利斯吉恩（Lesjean，2002），木村（Kimura，2005），梁（Liang，2010），莱拉（Laerae，2012）认为，后两种研究侧重于对技术本身能源消耗和投资成本等方面的评价。克瑞姆查斯瑞（Chriemchaisri，1993），特鲁夫（Trouve，1994），尤娜（Yoona，2004）等认为，高运行成本和高能源消耗是制约 MBR 技术应用的主要原因，需要经过综合的经济和环境效率评价，以此推动 MBR 技术的应用。欧文（Owen，

1995)，丘乔斯（Churchouse，1997），甘德（Gander，2000），张（Zhang，2003），柯德（Côté，2004），弗莱彻（Fletcher，2007）等利用技术经济评价法研究了 MBR 投资规模、运行成本和能源消耗，通过比较各种不同技术路线找到最经济的 MBR 工艺组合。但是，这种评价方法忽视了 MBR 污水处理技术对环境的综合影响。汤萨库（Tangsubkul，2005），林（Lin，2011）利用 LCA（Life Cycle Analysis）评价方法，综合评价了 MBR 污水处理技术的运行成本、能源消耗及对环境的影响。但是，这种评价方法对经济的评价，只侧重的是技术本身的投资和运行成本，没有考虑到这种技术应用后对其他行业经济发展的影响。

1.4 研究目的

为提高水资源利用效率，减少水环境污染和实现社会经济可持续发展，本书的主要研究目的在于：

1.4.1 从理论上探讨水资源、水环境和社会经济发展之间的相互影响机理

根据生态经济学、环境经济学、区域经济学、产业经济学原理，深化研究层次。从宏观角度研究水资源和水环境承载力约束对产业结构，产业布局，区域间资源（水资源）、物质（水污染物质）和价值流向的影响；从微观角度找出不同供水、用水结构和水环境改善技术和政策对缓解水资源短缺，减少水环境污染及促进经济发展的传导机制。

1.4.2 完善河北省水资源和水环境管理系统

通过创建河北省水资源、水环境和社会经济可持续发展动态最优化综合模型，完善河北省水资源和水环境管理系统。该综合模型包括社会经济

子系统、水资源管理子系统和水环境控制子系统。利用该综合模型可以为政府部门进行水资源和水环境管理提供实验和数据支持，提高政府管理效率。

1.4.3 为河北省制定水资源管理计划提供科学的实验数据

本书进行的模拟实验研究是预测研究，模拟期为2012~2030年，模拟结果可以科学预测模拟期内水资源、水环境和社会经济发展的各项指标数据，包括水资源供求总量和结构变化情况、水污染物质排放总量、浓度变化情况，经济增长速度和产业结构调整变化情况等。这些模拟结果可以为河北省制定水资源利用、水环境改善和社会经济发展计划提供科学的实验数据。

1.4.4 为实现水资源、水环境和社会经济可持续发展提出最优化政策组合

将河北省水资源、水环境和社会经济基期（2012年）实际数据写入动态最优化综合模型；将不同的水资源利用、水环境改善的政策组合设定为不同的情景进行模拟实验，在各种情景中找出实现河北省水资源、水环境和社会经济可持续发展的最优化政策组合。

1.5 研究方法、研究内容、技术路线

1.5.1 研究方法

本书的主要研究方法包括调研法、归纳法和计算机模拟实验法。首先，

利用文献调研法，实证分析河北省环境和社会经济发展现状，并归纳总结其存在的问题及发展趋势。利用实地调研和文献调研相结合的方法，获得污水处理技术相关技术参数，包括技术类型、投资规模、运行费用、管网建设、处理能力等相关数据，为建立模型提供数据支持。其次，利用计算机模拟实验法，模拟不同情景下再生水利用对河北省社会经济和环境的综合影响。采用 LINGO 软件进行模拟实验，通过编程将模型转换成计算机语言，利用计算机进行计算。该软件是由美国 LINDO 公司开发，用于求解非线性规划的软件，是求解优化模型的最佳选择，也被国内外广泛应用于各种社会经济和环境问题研究。

1.5.2 研究内容

根据课题研究目标，本书的主要研究内容如下：

（1）水资源利用与社会经济和环境之间的耦合度研究。包括河北省水资源供需现状、水环境现状和社会经济发展现状及存在问题研究。根据河北省水资源、水环境、社会经济发展现状归纳总结水资源利用、水环境污染和社会经济发展之间的耦合关系，并以此为基础构建河北省水资源、水环境和社会经济可持续发展动态最优化综合模型。

（2）构建河北省水资源、水环境和社会经济可持续发展动态最优化综合模型。该模型包括一个目标函数和三个约束模型。目标函数为社会经济可持续发展，三个约束模型分别为水污染物质排放模型、水资源平衡模型和社会经济模型。其中，水污染物质排放模型描述社会经济活动与水污染物质排放关系，水污染物质选取总磷、总氮和 COD 为测度指标；水资源平衡模型描述社会经济活动过程中水资源需求和供给的平衡关系及水资源供需总量和结构变化情况；社会经济发展模型基于投入产出表，描述各产业资本的投入产出关系及相关政策对产业结构调整和经济发展的影响关系。各模型之间的计算用相应系数进行转换，统一量纲。

（3）预测各种政策组合情景下水环境、水资源和社会经济发展各项指标。选取河北省 2012 年数据为基期数据进行模拟实验研究，模拟期为

2012～2030年。根据不同的水资源利用、水环境改善和经济发展政策组合设定不同的情景进行模拟实验。初步设定的综合政策包括产业结构调整政策、南水北调水利用政策、污水处理政策及再生水利用、灌溉节水和家庭节水政策等。预测的指标包括经济增长速度、产业结构优化调整趋势及区域产业布局、水资源供给总量和结构变化趋势、环境改善情况及环境改善技术选择和政策的财政投入情况等。这些指标可以为政府制定水资源利用、水环境改善和社会经济发展计划提供科学的实验数据。

（4）找出河北省水资源、水环境和社会经济发展可持续发展的最优政策组合。通过综合比较各种政策组合的资源利用效率、环境改善和经济发展等各项指标，找出实现水资源和水环境承载力约束条件下，社会经济可持续发展的最优政策组合。

1.5.3 技术路线

首先，通过分析河北省社会经济和环境发展现状，研究水资源、水环境和社会经济发展之间的耦合关系，阐明水资源、水环境对产业结构调整的影响机理。

其次，以此为基础创建河北省水资源、水环境和社会经济可持续发展动态最优化综合模型。

再次，将动态最优化模型编写为计算机语言，选取河北省2012年数据为基期数据，利用LINGO软件进行动态模拟实验，预测2012～2030年河北省水资源供求总量及结构变化趋势、水环境改善情况和水环境改善技术选择情况、产业结构调整趋势和经济增长情况。

最后，根据模拟实验结果分析提出实现河北省产业结构优化调整、水资源合理利用和水环境改善的政策建议。具体思路如图1－1所示。

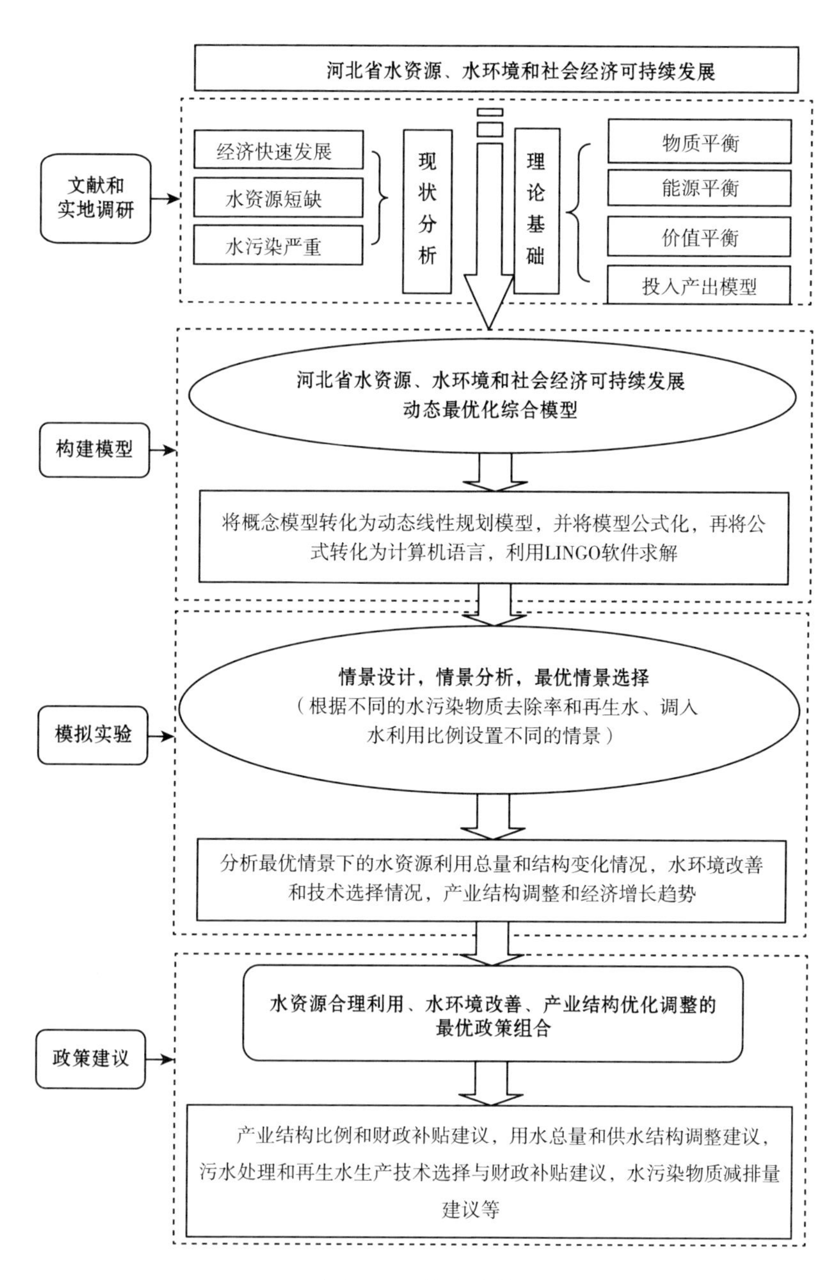
河北省水资源、水环境和社会经济可持续发展
文献和实地调研
经济快速发展
水资源短缺
水污染严重
现状分析
理论基础
物质平衡
能源平衡
价值平衡
投入产出模型
构建模型
河北省水资源、水环境和社会经济可持续发展
动态最优化综合模型
将概念模型转化为动态线性规划模型，并将模型公式化，再将公式转化为计算机语言，利用LINGO软件求解
模拟实验
情景设计，情景分析，最优情景选择
（根据不同的水污染物质去除率和再生水、调入水利用比例设置不同的情景）
分析最优情景下的水资源利用总量和结构变化情况，水环境改善和技术选择情况，产业结构调整和经济增长趋势
政策建议
水资源合理利用、水环境改善、产业结构优化调整的最优政策组合
产业结构比例和财政补贴建议，用水总量和供水结构调整建议，污水处理和再生水生产技术选择与财政补贴建议，水污染物质减排量建议等

图1-1　技术路线

1.6 拟解决的关键科学问题及创新处

1.6.1 拟解决的关键科学问题

（1）河北省水资源、水环境和社会经济发展之间的耦合关系。

（2）创建河北省水资源、水环境和社会经济可持续发展动态线性最优化综合模型。

（3）预测河北省 2012～2030 年水资源利用、水环境改善和社会经济发展的各项指标。

（4）找出实现河北省水资源、水环境和社会经济可持续发展的最优政策组合。

1.6.2 创新处

（1）构建河北省水资源、水环境和社会经济可持续发展动态线性最优化综合模型。

（2）将线性规划与动态最优化模拟技术结合，降低了模型求解难度，建模不受变量个数和模型规模限制，模型能够更好地模拟河北省特有的水资源、水环境和社会经济发展之间的耦合关系，实验结果预测更贴近现实。

1.7 本章小结

本章梳理了可持续发展理论、低碳经济理论和循环经济理论相关研究进展。目前，这些理论的内涵已经得到学者的共识，并广泛应用于指导新时代背景下的社会经济活动。水资源、水环境和社会经济发展之间的耦合度研究，水资源、水环境和社会经济发展的模型研究，污水处理技术对社会经济和环境的影响评价研究是目前解决水资源短缺和水环境污染问题的研究热点问题。由于不同区域的资源禀赋不同，根据区域发展特点构建具有区域特色的资源、环境和社会经济发展的动态最优化综合评价模型可以更好地解决资源、环境和社会经济发展之间的矛盾问题。

第2章 河北省社会经济发展现状分析

2.1 地理环境[1]

河北省位于东经113°27′~119°50′，北纬36°05′~42°40′之间。总面积18.85万平方千米，省会石家庄市。北距北京283公里，东与天津市毗连并紧傍渤海，东南部、南部衔山东、河南两省，西倚太行山与山西省为邻，西北部、北部与内蒙古自治区交界，东北部与辽宁省接壤。

河北属温带大陆性季风气候。大部分地区四季分明。年日照时数2303.1小时，年无霜期81~204天，年均降水量484.5毫米；月平均气温在3℃以下，7月平均气温18℃至27℃。

河北省地势西北高、东南低，由西北向东南倾斜。地貌复杂多样，高原、山地、丘陵、盆地、平原类型齐全，有坝上高原、燕山和太行山山地、河北平原三大地貌单元。坝上高原属蒙古高原的一部分，地形南高北低，平均海拔1200~1500米，面积15954平方千米，占河北省总面积的8.5%。燕山和太行山山地，包括中山山地区、低山山地区、丘陵地区和山间盆地4种地貌类型，海拔多在2000米以下，高于2000米的孤峰类有10余座，其中小五台

① 数据来源于河北省人民政府网站：http：//www.hebei.gov.cn/hebei/10731222/index.html。

山高达2882米，为河北省最高峰。山地面积90280平方千米，占河北省总面积的48.1%。河北平原区是华北大平原的一部分，按其成因可分为山前冲洪积平原、中部中湖积平原区和滨海平原区3种地貌类型，全区面积81459平方千米，占河北省总面积的43.4%。

2.2 行政区划

河北省截止到2013年设11个地级市、42个市辖区、20个县级市、104个县、6个自治县，共有1970个乡镇，50201个村民委员会（见表2-1）。

表2-1　2013年河北省各行政区域划分及面积

序号	行政区	面积（平方千米）	下辖行政区
1	石家庄市	15848	长安区、桥西区、新华区、井陉矿区、裕华区、藁城区、鹿泉区、栾城区、井陉县、正定县、行唐县、灵寿县、高邑县、深泽县、赞皇县、无极县、平山县、元氏县、赵县、晋州市、新乐市、辛集市
2	唐山市	13472	路北区、路南区、古冶区、开平区、丰南区、丰润区、曹妃甸区、滦县、滦南县、乐亭县、迁西县、玉田县、遵化市、迁安市
3	秦皇岛市	7813	海港区、山海关区、北戴河区、抚宁区、青龙满族自治县、昌黎县、卢龙县
4	邯郸市	12000	邯山区、丛台区、复兴区、峰峰矿区、邯郸县、临漳县、成安县、大名县、涉县、磁县、肥乡县、永年县、邱县、鸡泽县、广平县、馆陶县、曲周县、武安市、魏县
5	邢台市	12486	桥东区、桥西区、邢台县、临城县、内丘县、柏乡县、隆尧县、任县、南和县、巨鹿县、新和县、广宗县、平乡县、威县、清河县、临西县、南宫市、沙河市、宁晋县
6	保定市	22100	竞秀区、莲池区、满城区、清苑区、徐水区、涞水县、阜平县、定兴县、唐县、高阳县、容城县、涞源县、望都县、安新县、易县、曲阳县、蠡县、顺平县、博野县、雄县、安国市、高碑店市、定州市、涿州市

续表

序号	行政区	面积（平方千米）	下辖行政区
7	张家口市	36860	桥东区、桥西区、宣化区、下花园区、宣化县、张北县、康保县、沽源县、尚义县、蔚县、阳原县、怀安县、万全县、涿鹿县、赤城县、崇礼县、怀来县
8	承德市	39519	双桥区、双滦区、鹰手营子矿区、承德县、兴隆县、滦平县、隆化县、丰宁满族自治县、宽城满族自治县、围场满族蒙古族自治县、平泉县
9	沧州市	13419	运河区、新华区、沧县、青县、东光县、海兴县、盐山县、肃宁县、南皮县、吴桥县、献县、孟村回族自治县、泊头市、黄骅市、河间市、任丘市
10	廊坊市	6500	广阳区、安次区、固安县、永清县、香河县、大城县、文安县、大厂回族自治县、霸州市、三河市
11	衡水市	8815	桃城区、枣强县、武邑县、武强县、饶阳县、安平县、故城县、阜城县、冀州市、深州市、景县

资料来源：《河北省经济年鉴 2014》。

2.3 自然资源[①]

2.3.1 生物资源

河北省植物种类繁多，全省有 204 科、940 属，2800 多种。其中，蕨类植物 21 科，占全国的 40.4%；裸子植物 7 科，占全国的 70%；被子植物 144 科，占全国的 49.5%。其中国家重点保护植物有野大豆、水曲柳、黄檗、紫椴、珊瑚菜等。

① 数据来源于河北省人民政府网站：http：//www.hebei.gov.cn/hebei/10731222/index.html.

据1990年不完全统计，河北省共有陆生脊椎动物530余种，约占全国的1/4，其中以鸟类居多，约420余种，占全国的36.1%；兽类次之，约80余种，占全国的20.3%左右；两栖类和爬行类较少，分别为8种和23种。有国家重点保护动物91种，其中国家一级保护动物18种（兽类1种，鸟类17种），二级保护动物73种（兽类11种，鸟类62种）。另外，还有国家保护的有益的或者有重要经济、科学研究价值的陆生野生动物79种，其中有两栖类3种，爬行类5种，鸟类71种。我国特有的珍稀雉类褐马鸡，仅分布于河北小五台山及附近山区和山西省吕梁山区。

2.3.2 湿地资源

河北省是个干旱的省份，但湿地资源丰富，类型众多，既有浅海、滩涂，又有陆地河流、水库、湖泊及洼地，占河北省土地总面积的59%，比全国的平均水平27%高1倍多，集中分布在沿海、坝上地区、平原地区，广大山区只有零星分布，人工湿地面积在河北省占有一定比重，天然湿地面积呈现逐渐缩小趋势。

河北省湿地类型大致可分为近海及海岸湿地、河流湿地、湖泊湿地、沼泽和沼泽化草甸及库溏五大类。由于湿地类型众多，植物群落类型多样，为不同生态类型的野生动物提供了适宜的栖息环境，同时这些湿地也是众多迁徙鸟类途中停息和补充能量的栖息地。

2.3.3 水资源

河北省多年平均降水量为541毫米，降水量各地不均，且年际变化较大。多水年份与少水年份降水量相差悬殊。降水量年内分配也很不均匀，全年降水量的80%集中在6~9月。多年平均水资源总量204.69亿立方米，为全国水资源总量28412亿立方米的0.72%。其中地表水资源量为120.17亿立方米，地下水资源量为122.57亿立方米，地表水与地下水的重复计算水量为38.05亿立方米。河北省水资源严重不足，人均水资源量386立方米，亩均水资源量243立方米，人均和亩均水资源量都相当于全国平均值的1/8。

区域地表水资源量即区域自产地表径流量。河北省自产地表水面积187693平方千米，其中海河、滦河流域面积171624平方千米，占全省面积的91.4%；内陆河、辽河流域面积16069平方千米，仅占全省面积的8.6%。全省地表水资源量为152亿立方米，其中海河、滦河流域地表水资源量147亿立方米；内陆河、辽河流域4.75亿立方米。

外省入境水量主要来源于相邻省区的滦河、永定河、大清河、子牙河及漳卫河水系的上游各支流，多年平均入境水量为61.6亿立方米。

河北省地下水资源量为150亿立方米，其中平原区水资源量为90.5亿立方米，山区74.3亿立方米，平原与山区重复计算量为15.1亿立方米。地下水资源，全省可利用的淡水资源允许开采量为120.08亿立方米/年，其中河北平原91.68亿立方米/年，山区28.40亿立方米/年；另外，河北平原还有矿化度2~3克/升可利用的微咸水15.36亿立方米/年。

2.3.4 矿产资源

河北省2013年已发现各类矿种151种，有查明资源储量的120种，排在全国前5位的矿产有34种。截止到2013年已探明储量的矿产地1005处，其中大中型矿产地439处，占43.7%。河北省已开发利用矿产地786处，现有各类矿山6290家，从业人数40.8万人，年开采矿石总量近5.0亿吨，采掘业年产值达362亿元，形成了以冶金、煤炭、建材、石化为主的矿业经济体系。

河北是国家确定的13个煤炭基地之一，即冀中煤炭基地。包括：开滦，峰峰、邢台、井陉、蔚县、邯郸、宣化下花园、张家口北部等8个大矿区和隆尧、大城平原含煤区，涵盖了除承德兴隆矿区以外的所有矿区。煤炭探明储量147.1亿吨。

2.3.5 地热资源

河北省地热资源分布广泛，主要集中于中南部地区。据河北省地热资源开发研究所统计数据显示，河北省地热资源总量相当于标准煤418.91亿吨，地热资源可采量相当于标准煤93.83亿吨。全省有开发价值的热水点241处，山区92处，平原149处。全省累计开发地热能井点139处。山区热水点平均水温40~70℃，平原热水点水温最高可达95~118℃。

2.4 河北省社会经济发展现状分析

2.4.1 河北省人口总量及结构分析

2015年底，河北省常住人口7424.92万人，比2015年增加41.17万人，增长0.58%。出生人口83.81万人，出生率为11.35‰；全省死亡人口42.75万人，死亡率为5.79‰，人口自然增长率为5.56‰。从性别结构看，男性人口为3757.23万人，占全部人口的50.60%；女性人口为3667.29万人，占全部人口的49.40%；总人口性别比为102.45（女性为100）。从年龄结构看，0~14岁人口为1309.01万人，占常住人口比重的17.63%。15~64岁人口为5359.31万人，占常住人口比重的72.18%。其中，16~59岁人口4018.62万人，占常住人口比重的54.12%。60岁及以上人口为1148.86万人，占常住人口比重的15.47%，其中65岁及以上人口为709.35万人，占常住人口比重的9.55%。

河北省近十年人口数量变化情况如表2-2所示。10年来河北省总人口呈现平稳上升的趋势，平均增长率为3.4%。其中，农村常住人口平均增长率为1.7%，城镇常住人口平均增长率为3.7%，城镇常住人口上升比例高于农村人口，城市化进程越来越显著。2015年，河北省城镇人口3811.21万人，同比增加168.81万人，同比增长4.63%；乡村人口3613.71万人，比2014年减少127.64万人，减少3.41%，城镇人口占全部常住人口比重达到51.33%，人口城镇化进程进一步加快。

表 2-2　2006～2015 年河北省人口总量变化情况

年份	总人口（万人）	农村常住人口（万人）	城镇常住人口（万人）	城镇常住人口占比（%）
2006	6898	4224	2674	38.76
2007	6943	4148	2795	40.26
2008	6989	4061	2928	41.89
2009	7034	3957	3077	43.74
2010	7193.6	3993	3201	44.5
2011	7240.51	3938.84	3301.67	45.6
2012	7287.51	3876.96	3410.55	46.8
2013	7332.61	3804.16	3528.45	48.12
2014	7383.75	3741.35	3642.40	49.33
2015	7424.92	3613.71	3811.21	51.33

资料来源：《河北省经济年鉴 2007～2016》。

从各行政区域人口总量来看，人口集中在河北省中部和南部地区。2015 年河北省各区域人口情况如表 2-3 所示。中部地区的保定市、石家庄市和沧州市人口较多，其中保定市 1155.24 万人，占河北省人口总数的 15.56%；石家庄市 1070.16 万人，占河北省人口总数的 14.41%；沧州市 744.3 万人，占河北省人口总数的 10.02%。南部地区人口较多的区域是邯郸市和邢台市，其中邯郸市 943.3 万人，占河北省人口总数的 12.7%；邢台市 729.44 万人，占河北省人口总数的 9.82%。东部地区人口较多的区域是唐山市 780.12 万人，占河北省人口总数的 10.02%。北部地区人口较少，张家口市 442.17 万人，占河北省人口总数的 5.96%；承德市 353.01 万人，占河北省人口总数的 4.75%，秦皇岛市 307.32 万人，占河北省人口总数的 4.14%。

表2－3　2015年河北省各行政区域人口总量及比例

序号	行政区	人口（万人）	占全省人口总数比例（%）
1	石家庄市	1070.16	14.41
2	唐山市	780.12	10.51
3	秦皇岛市	307.32	4.14
4	邯郸市	943.3	12.70
5	邢台市	729.44	9.82
6	保定市	1155.24	15.56
7	张家口市	442.17	5.96
8	承德市	353.01	4.75
9	沧州市	744.3	10.02
10	廊坊市	456.32	6.15
11	衡水市	443.54	5.97
12	合计	7424.92	100.00

资料来源：《河北省经济年鉴2016》。

2.4.2 河北省经济增长分析

河北省2007～2016年的国内生产总值变化情况如图2－1所示。“十一五”和“十二五”期间河北省经济总量逐年增加，2007年经济总量为13607亿元，到2016年增加到31827亿元，国内生产总值平均年增长率为9.9%，低于全国经济增长速度1.19个百分点。在资源、环境的约束下和金融危机的影响下，2008年以后河北省经济增速开始放缓，河北省2007年地区生产总值占全国国内生产总值的5.45%，到2016年下降到4.28%。

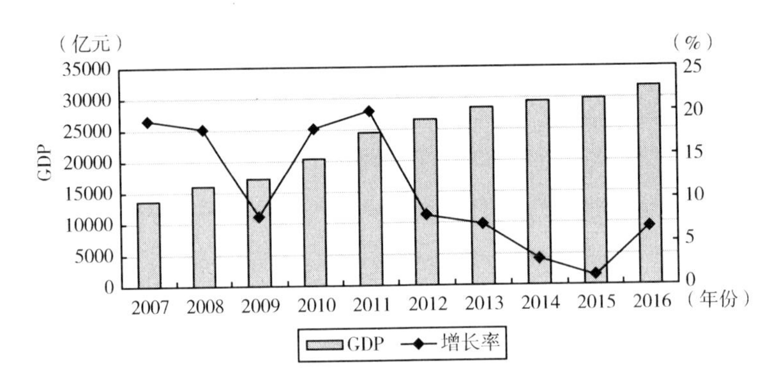

图 2－1　2007～2016 年河北省国内生产总值变化图

资料来源：《河北省经济年鉴 2008～2016》。

2.4.3　河北省产业结构及其变化分析

2006～2016 年河北省产业结构变化情况如图 2－2 所示。从 2006 年到 2016 年，河北省第一产业和第二产业增加值比例逐年降低，第三产业增加值比例逐年增加，但是增加速度缓慢。2006 年河北省第一产业增加值为 1461.81 亿元；第二产业增加值为 6110.43 亿元；第三产业增加值为 3895.36 亿元，三次产业增加值比例为 13∶53∶34。2016 年，河北省第一产业增加值为 3492.8 亿元，增长 4.9%；第二产业增加值为 15058.5 亿元，增长 9.9%；第三产业增加值为 13276.6 亿元，增长 41.7%，三次产业增加值比例为 11∶47∶42（见图 2－3）。第三产业增速最快，但是与京津冀其他两个地区相比第三产业比例还不算高，北京市 2016 年三次产业比例为 0.6∶19.7∶79.7，天津市为 1.2∶44.8∶54，河北省产业结构还需进一步优化。

1. 第一产业

河北是中国重要的粮棉产区，主要粮食作物有：小麦、玉米、高粱、谷子、薯类等。经济作物以棉花为主，河北省是中国重要的产棉基地。此外，油料、麻类、甜菜、烟叶也重要，与棉花合为本省五大经济作物。畜牧业是河北省仅次于耕作业的重要农业部门。2016 年，河北省粮食播种面积 632.7

万公顷，比上年下降1%，占耕地总面积的80%以上，粮食总产量3460.2万吨，增长2.9%。棉花播种面积28.9万公顷，比上年下降19.7%，总产量30万吨，比上年下降19.8%。油料播种面积46.8万公顷，增长1.5%，总产量156.5万吨，增长3.3%；蔬菜播种面积123.6万公顷，比上年下降0.5%，总产量8193.4万吨，下降0.6%。河北省2015年第一产业各部门产值比例如图2－4所示，农业和牧业是河北省农业产值的重要组成部分，分别占58%和32%，林业、渔业和农业服务业占比较少，分别占2%、3%和5%。

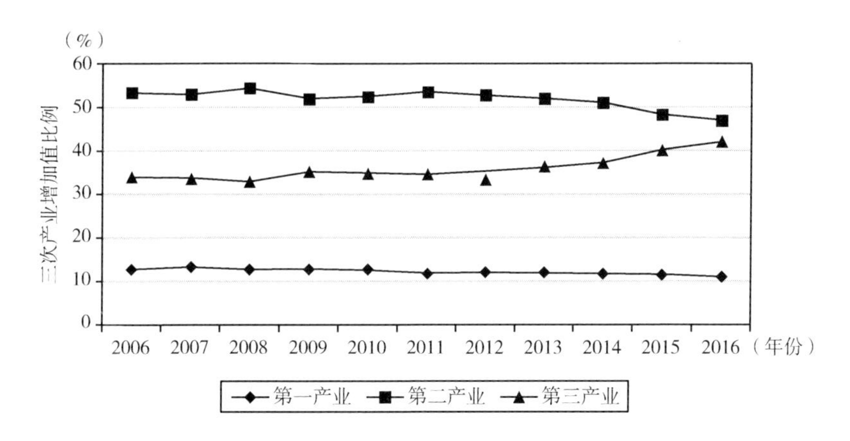

图2－2　河北省2006~2016年产业结构变化情况

资料来源：《河北省经济年鉴2006~2016》。

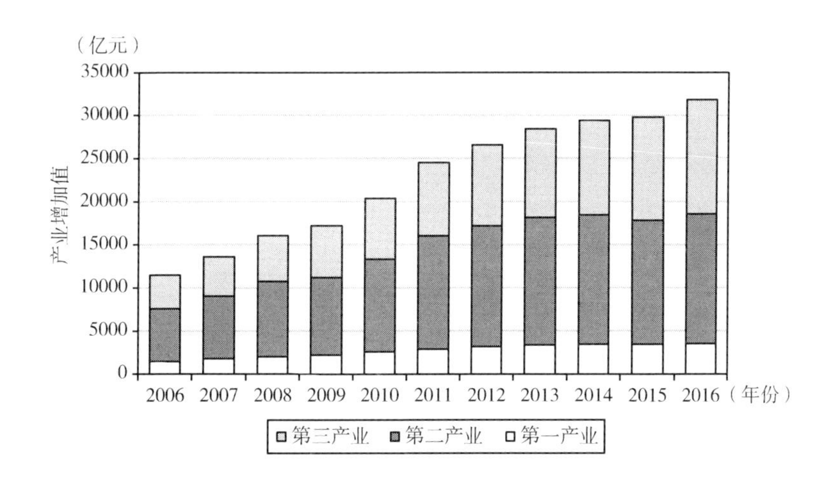

图2－3　河北省2006~2016年三次产业增加值

资料来源：《河北省经济年鉴2006~2016》。

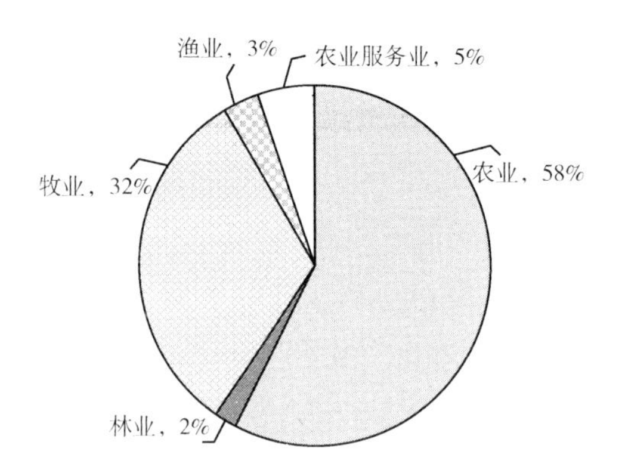

图 2－4　2015 年河北省第一产业各部门增加值比例

资料来源：《河北省经济年鉴 2016》。

2. 第二产业

2016 年，河北省工业增加值 13194.4 亿元，比上年增长 4.6%。规模以上工业增加值 11663.8 亿元，增长 4.8%，规模以上工业中，国有及国有控股企业增加值下降 0.6%，集体企业增加值下降 15.8%，股份制企业增加值增长 5.7%，外商及港澳台投资企业增加值增长 3.4%。钢铁工业增加值同比下降 0.2%，装备制造业增加值增长 10.02%，石化工业增加值增长 4.9%，医药工业增加值增长 5.4%，建材工业增加值增长 3.2%，食品工业增加值增长 3.2%，纺织服装业增加值增长 6.3%。六大高耗能行业增加值比上年增长 1.4%，增速比上年回落 1.8 个百分点。其中，煤炭开采和洗选业增加值下降 8.9%，石油加工、炼焦及核燃料加工业增加值下降 3.6%，黑色金属冶炼及压延加工业增加值下降 2.5%，化学原料及化学制品制造业增加值增长 11.5%，非金属矿物制品业增加值增长 4.5%，电力、热力的生产和供应业增加值增长 8.4%。高新技术产业增加值增长 13.0%，占规模以上工业增加值的比重为 18.4%，比上年提高 2.4 个百分点。其中，新能源、新材料、高端技术装备制造领域增加值分别增长 27.5%、12.8% 和 12.7%。与 2015 年相比，第二产业各部门中，装备制造业、医药工业和纺织服装业增速较快，食品工业增速持平，钢铁工业出现负增长（见图 2－5）。

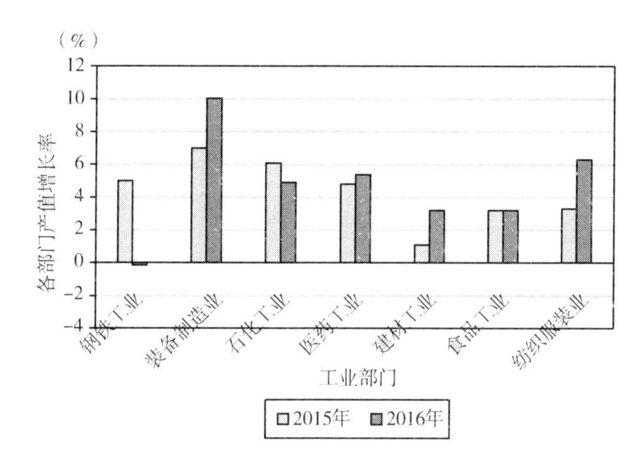

图2-5 河北省2015年和2016年主要工业部门产值增长率

资料来源：《河北省2015年国民经济和社会发展统计公报》和《河北省2016年国民经济和社会发展统计公报》。

3. 第三产业①

河北省第三产业近年来发展较快，但与京津等地相比第三产业比例还比较低。2015年，第三产业产值为13276.6亿元，占河北省GDP总量的40%。交通运输、仓储和邮政业实现增加值2403.0亿元，比2014年增长4.8%。全年货物运输总量21.1亿吨，比2014年增长6.3%；货物周转量12339.2亿吨千米，增长2.7%。旅客运输总量5.1亿人，下降4.6%；旅客运输周转量1238.1亿人千米，下降2.1%。机场旅客吞吐量850.1万人，增长24.1%。沿海港口货物吞吐量达9.5亿吨，增长4.3%，沿海港口集装箱吞吐量305.1万标准箱，增长20.8%。全省公路通车里程18.8万千米（包括村路），比上年增长2.1%。其中，新建成高速公路169千米，高速公路通车里程达到6502千米；农村公路总里程达16.3万千米。

邮电业务总量完成（2010年不变价）1545.2亿元，比上年增长55.4%。其中，邮政业务总量196.8亿元，增长49.7%；电信业务总量1348.4亿元，增长55.7%。函件量完成0.7亿件，下降51.1%；订阅报刊累计完成8.6亿

① 数据来源于《河北省统计公报2015》。

份，下降8.0%；快递业务量完成9.0亿件，增长64.6%。旅游业，2015年接待国际游客147.6万人次，旅游外汇收入6.7亿美元，分别比上年增长6.8%和7.6%；接待国内游客4.7亿人次，创收4610.1亿元，分别增长25.6%和35.8%。旅游总收入4654.5亿元，增长35.6%。第三产业科教文卫等其他部门也得到较快发展。

2.5 河北省水资源供需情况分析

2.5.1 河北省供水总量与结构分析

河北省2006~2015年供水结构如图2-6和图2-7所示。2006~2015年河北省的年均供水总量195.15亿立方米。从供给结构看，2006~2015年地下水供给比例逐渐缩小，但仍然是河北省水资源供给的主要来源。2006年供水总量为204亿立方米，其中地下水供给164.64亿立方米，占供水总量的80.71%，地表水供给38.7亿立方米，占供水总量的18.97%，其他供水量0.66亿立方米，占供水总量的0.32%；2015年供水总量187亿立方米，其中

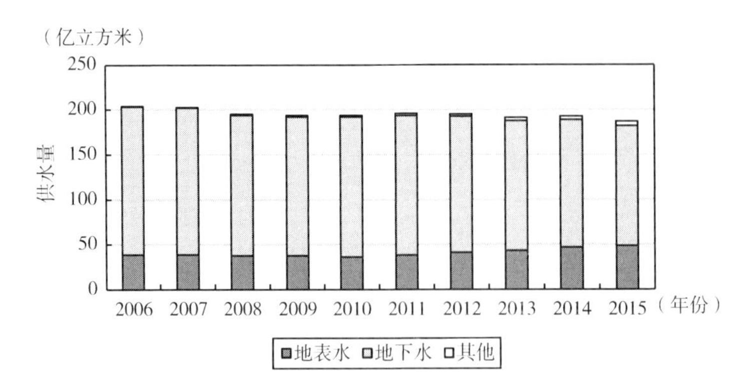

图2-6　2006~2015年河北省水资源供给量变化情况

资料来源：《中国统计年鉴2007~2016》。

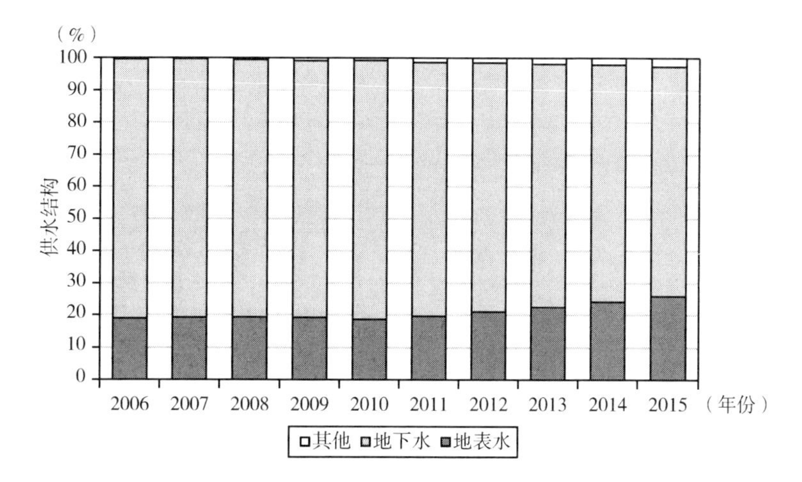

图 2-7 2006~2015 年河北省水资源供水结构变化情况

资料来源:《中国统计年鉴 2007~2016》。

地下水供给量为 133.6 亿立方米，占供水总量的 71.37%，地表水供给量（含调入水）48.7 亿立方米，占供水总量的 26.01%，其他供水量 4.9 亿立方米，占供水总量的 2.62%。由于南水北调工程的逐步完成和再生水利用率的逐渐提高，河北省地下水开采量逐年减少，但是超采地下水的情况目前尚未得到根本好转。

2.5.2 河北省水资源需求总量与结构分析

河北省 2006~2015 年用水总量和用水结构情况分别如图 2-8 和图 2-9 所示。2006 年河北省用水总量 204 亿立方米，2015 年用水总量 187.2 亿立方米，2006~2015 年年平均用水量 195.15 亿立方米，用水总量有下降趋势，但下降幅度还不明显。从用水结构看，2006~2015 年农业用水占用水总量的比例最大，超过 70%，工业用水和生活用水占比都在 12% 左右。2006 年，农业用水占用水总量的 74.79%，工业用水占 12.85%，生活用水占 11.79%，生态用水占 0.75%；2015 年农业用水占用水总量的 72.28%，工业用水占 12.02%，生活用水占 13.03%，生态用水占 2.67%。

从用水结构的变化趋势看，随着人口的增加、产业结构调整和生态环境保护意识的进一步加强，农业和工业用水总量和比例都逐年下降，生活用水和生态用水总量和比例都逐年增加。但是，农业用水比例仍然较大。

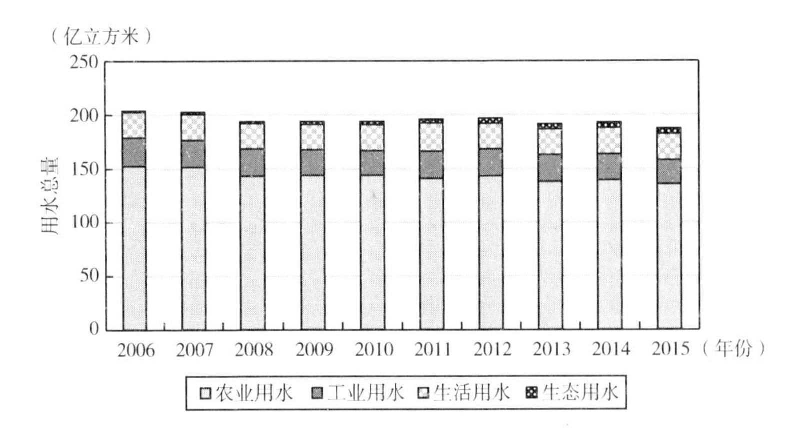

图2-8　2006~2015年河北省用水总量变化情况

资料来源：《中国统计年鉴2007~2016》。

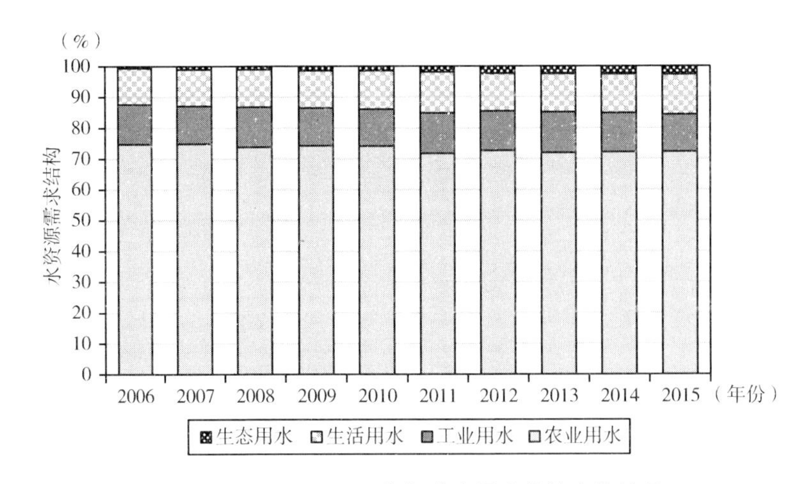

图2-9　2006~2015年河北省用水结构变化情况

资料来源：《中国统计年鉴2007~2016》。

表2-4是2012年河北省各城市水资源利用情况。从2012年城市用水总量的空间分布情况来看，唐山市用水量最多，为9.46亿立方米；石家庄市排第二位，用水总量为4.15亿立方米；邯郸市用水总量为2.23亿立方米，排第三位。这几个城市都是河北省经济发展较好，人口较多的地区，水资源承

载力压力较大。

表2-4　　2012年河北省各城市水资源使用情况　　单位：亿立方米

城市	居民生活用水	城市公共用水	工业用水	农业用水	环境用水	合计
邯郸市	0.6063	0.2700	1.0620	0.2597	0.0330	2.23
邢台市	0.3966	0.0008	0.4659	0.4032	0.4666	1.7
石家庄市	1.1464	0.6022	0.5742	0.6699	1.1549	4.15
保定市	0.3974	0.3908	0.3285	0.5746	0.0000	1.69
衡水市	0.1297	0.0582	0.4206	0.7193	0.0655	1.39
沧州市	0.1641	0.0655	0.2992	0.1870	0.0620	0.78
廊坊市	0.1804	0.1589	0.3000	0.6770	0.1104	1.43
唐山市	1.1511	1.0395	1.9969	5.0621	0.2087	9.46
秦皇岛市	0.3676	0.2895	0.6431	0.2455	0.0380	1.58
张家口市	0.2617	0.0837	0.5364	0.6824	0.0324	1.60
承德市	0.2942	0.1959	0.3770	0.2299	0.0272	1.12

资料来源：《河北省水资源公报2012》。

2.5.3　河北省水资源供需矛盾分析

河北省每年水资源量受降雨影响较大，丰水期水资源量相对多，枯水期水资源量相对少。从多年平均水资源量来看，河北省是严重缺水省份。2006~2015年平均水资源量143亿立方米，人均水资源量都相当于全国平均值的1/8。但是，河北省2006~2015年平均水资源需求量为195亿立方米，水资源总量和需求量之间矛盾突出。河北省2006~2015年水资源和水资源需求量如图2-10所示，2006年水资源供需缺口最大，达到97亿立方米，2013年缺口最小，为15亿立方米。每年的水资源缺口需要大量超采地下水补充，才能保证社会经济生产和生活的用水需求。

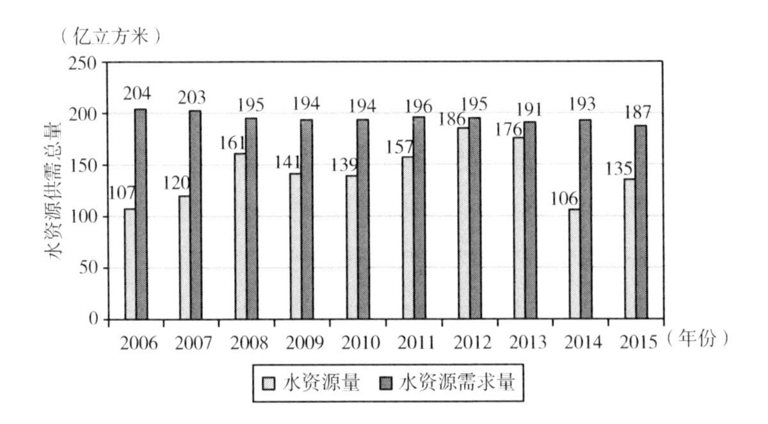

图 2-10　2006~2015 年河北省水资源供需总量

资料来源：《中国统计年鉴 2007~2016》。

2.5.4　河北省水资源利用效率分析

河北省近年来加大节能减排力度，通过科学用水规划和引进先进用水技术，水资源利用效率逐年提高。图 2-11 是河北省 2006~2015 年耗水强度变化情况。2006 年河北省万元 GDP 水耗是 178 吨，到 2015 年降低到 63 吨/万元 GDP，降低了 64.6%，用水效率大大提高。2006~2015 年平均水耗是 89.73 吨/万元 GDP。

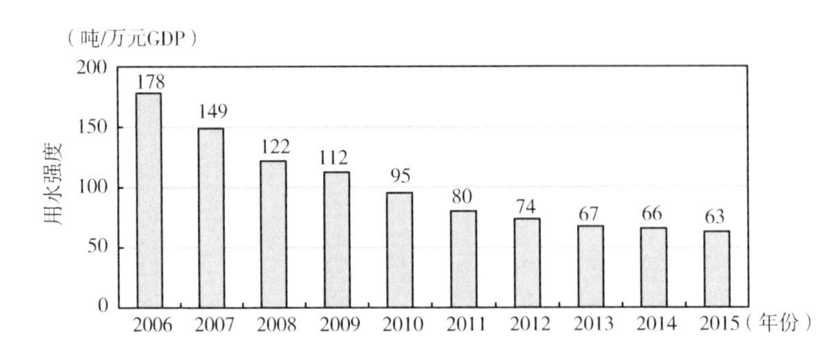

图 2-11　河北省 2006~2015 年耗水强度变化情况

资料来源：《中国统计年鉴 2007~2016》。

值得我们注意的是，虽然河北省水资源利用效率有所提高，但是与京津冀其他两地相比，河北省水资源利用效率还具有提升空间。北京市 2015 年水资源消耗强度为 16.63 立方米/万元 GDP，天津市 2015 年水资源消耗强度为 15.54 立方米/万元 GDP（见图 2－12）。

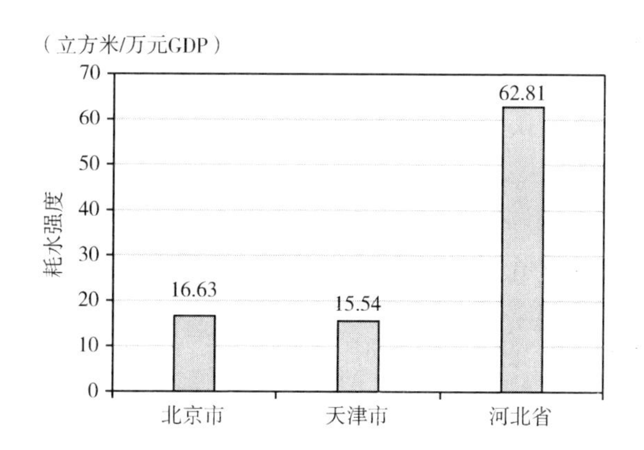

图 2－12　2015 年京津冀各区域水资源消耗强度

资料来源：《中国统计年鉴 2016》。

河北省水资源利用效率区域差别较大。河北省各市水资源消耗强度如图 2－13 所示。唐山水资源消耗强度为 95 吨/万元 GDP，邢台水资源消耗强度为 532 吨/万元 GDP，邢台水资源消耗强度是唐山的 5.6 倍。原因是唐山市耗水强度较低的第二产业产值比例远远高于河北省其他区域。

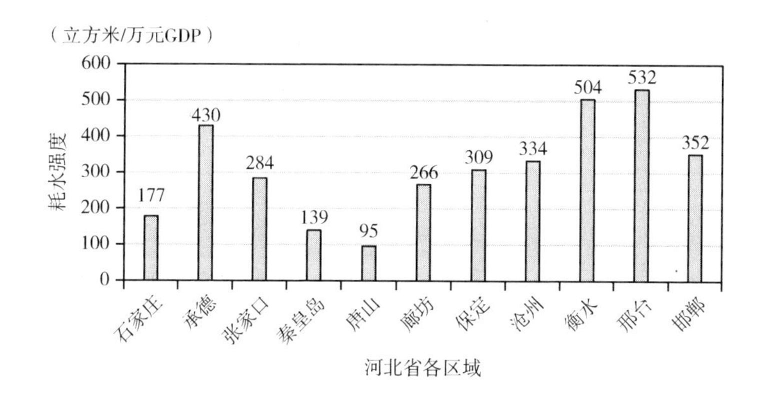

图 2－13　2012 年河北省各区域耗水强度

资料来源：《河北省水资源公报 2012》。

2.6 河北省水环境污染现状及治理对策分析

2.6.1 河北省水环境污染现状分析

1. 水污染物质总量分析

河北省 2006 ~2015 年水污染物质排放量变化情况如图 2 - 14 所示。2011 年至 2015 年河北省水污染物质排放总量逐年减少。2011 年 COD 排放总量 138. 88 万吨、总氮排放总量 45. 01 万吨、总磷的排放总量 6. 81 万吨，2015 年 COD 排放总量 120. 81 万吨、总氮排放总量 37. 83 万吨、总磷的排放总量 4. 62 万吨，分别比 2011 年减少 13. 01% 、15. 95% 和 32. 16% 。

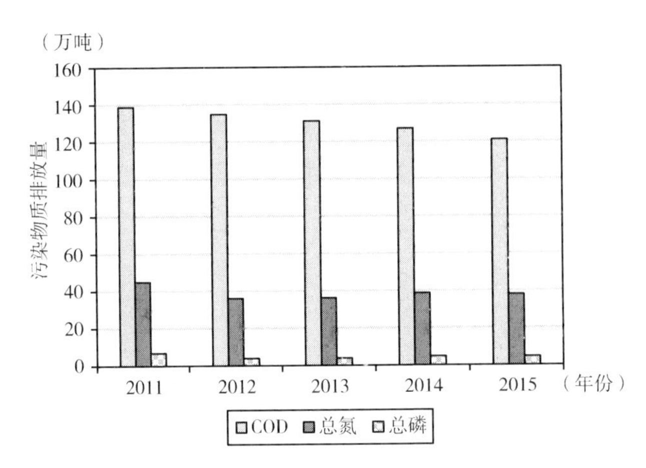

图 2 - 14　河北省 2011 ~2015 年各种水污染物质排放量变化情况

资料来源：《中国统计年鉴 2012 ~2016》。

2. 水污染物质排放强度分析

图 2 - 15 是河北省 2011 ~2015 年水污染物质排放强度变化情况。2011 ~

2015 年河北省 COD、总磷、总氮的排放强度逐年下降，5 年的平均排放强度分别为 40.72 吨/亿元 GDP，13.95 吨/亿元 GDP 和 1.73 吨/亿元 GDP。2011 年河北省 COD 排放强度为 56.65 吨/亿元 GDP；总磷排放强度为 18.36 吨/亿元 GDP；总氮排放强度为 2.87 吨/亿元 GDP。到 2015 年 COD 排放强度为 40.53 吨/亿元 GDP，降低了 28.45%；总磷排放强度为 12.69 吨/亿元 GDP，降低了 30.8%；总氮排放强度为 1.23 吨/亿元 GDP，降低了 44.20%。

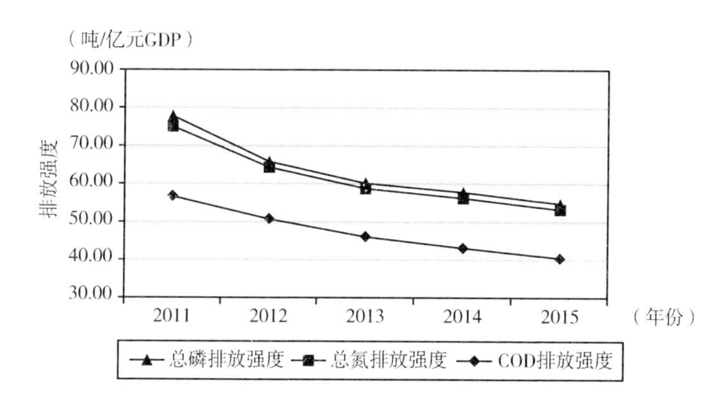

图 2-15　河北省水污染物质排放强度

资料来源：《中国统计年鉴 2012～2016》。

虽然河北省水污染物质排放强度逐年降低，但是与京津冀其他两地相比，河北省污染物质排放强度仍然较高。北京市 2015 年 COD 排放强度为 6.49 吨/亿元 GDP，总磷排放强度为 0.18 吨/亿元 GDP，总氮排放强度为 6.49 吨/亿元 GDP；天津市 2015 年 COD 排放强度为 12.64 吨/亿元 GDP，总磷排放强度为 0.218 吨/亿元 GDP，总氮排放强度为 2.22 吨/亿元 GDP（见图 2-16）。

3. 水环境现状分析

目前，河北省地表水污染严重，七大水系中超过 36% 的地表水是Ⅴ类和劣Ⅴ类水，湖泊中 50% 是劣Ⅴ类。水库中水质较好Ⅰ～Ⅲ类水占大约 92%（见表 2-5）。总体来看，河北省水环境污染问题尚未得到根本好转。

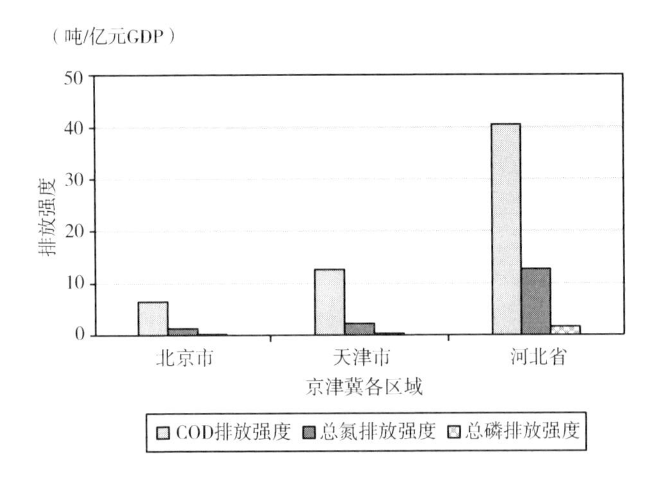

图 2-16　2015 年京津冀各区域水污染物质排放强度

资料来源：《中国统计年鉴 2016》。

表 2-5　2015 年河北省水质情况　单位：%

	Ⅰ～Ⅲ类	Ⅳ类	Ⅴ类	劣Ⅴ类
七大水系	49.64	13.67	6.47	30.22
水库	92.86	7.14	0	0
湖泊	50.00	0	0	50.00

资料来源：《河北省水资源公报 2015》。

2.6.2　污水排放污水处理现状分析

随着经济的快速发展和人口的急剧增加，河北省工业废水和生活污水排放量逐年增加。2006 年，河北省污水排放量为 21.37 亿立方米，2015 年，河北省污水排放量已经达到 31 亿立方米，增长 45.28%。2006 年污水处理量为 9 亿立方米，污水处理率为 42.12%。为了进一步改善水环境和利用再生水资源，河北省加大了对污水处理厂建设的投入。2015 年，河北省污水处理总量达到 14.3 亿吨，平均污水处理率为 46.04%（见图 2-17）。虽然河北省污水处理率逐年提高，但是与京津冀其他两个区域相比还很低。

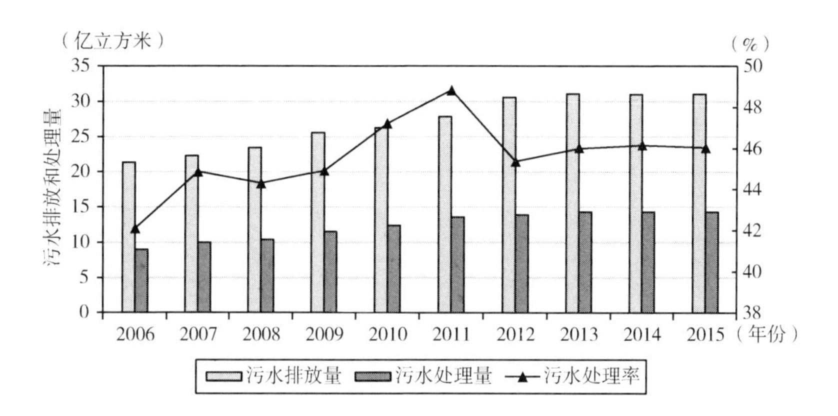

图2－17　2006～2015年河北省污水排放和处理情况

资料来源：《中国统计年鉴2007～2016》。

河北省污水处理能力区域发展不平衡，各区域污水排放和处理情况如图2－18所示。2012年，石家庄、沧州、邯郸、秦皇岛城镇污水处理率较高，均超过70%。张家口、邢台、唐山和衡水城镇污水处理率都低于60%。存在区域差别原因，一是城镇污水处理厂建设财政支出不平衡，二是区域人口集中度不同。人口集中度较高的地区便于建设集中污水处理设施，河北省人口集中度较高的石家庄、保定、邯郸和沧州城镇污水处理率都相对较高。

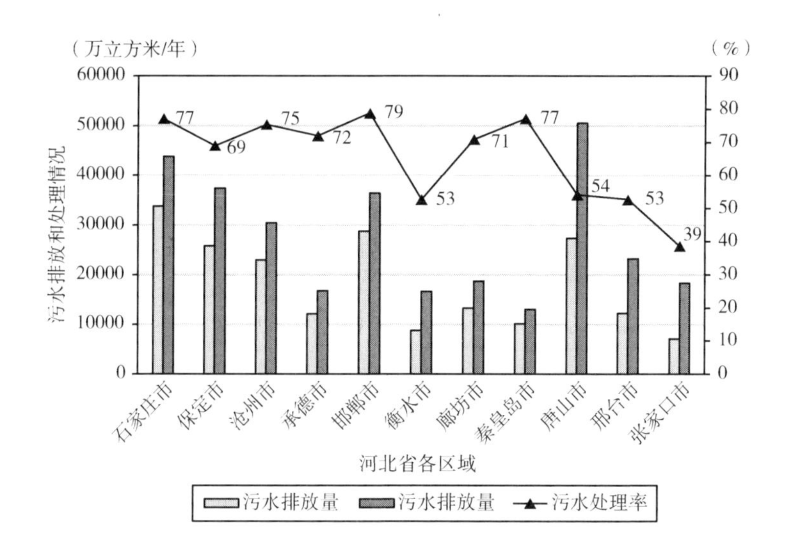

图2－18　河北省2012年各区域污水排放和处理情况

资料来源：由《河北省水资源公报2012》和《中国城市建设统计年鉴》相关数据计算得出。

2.6.3 河北省水环境污染治理对策分析

为了进一步提高水资源利用效率，改善水环境，实现社会经济和环境可持续发展，近几年河北省连续出台了水资源管理制度、规划等政策文件（见表2-6）。

表2-6　2012~2016年河北省污水处理和节水治理各项政策

年份	部门	政策、规划等名称	主要内容
2012	河北省人民政府	《河北省实行最严格水资源管理制度实施方案》	省用水总量控制在217亿立方米以内，其中地下水开采总量控制在139亿立方米以内；万元工业增加值用水量与现状相比降低27%（以2000年不变价计），农田灌溉水有效利用系数提高到0.67；重要水功能区水质达标率达到56%
2013	河北省环保厅		河北省水污染防治行动计划将重点围绕3个方面开展。第一是保障饮用水安全。第二，每个设区市至少选择一条重点河流，开展整治重度污染河流攻坚战。第三，以实施北戴河近岸海域环境综合整治工程为重点，加快建立陆海统筹的污染综合防治体系
2014	河北省环保厅	《2014年全省农村面貌改造提升行动推进重点村庄生活污水和垃圾处理试点工作方案》	根据村庄实际情况和需要，采用集中与分散处理相结合的模式，实施村庄生活污水处理试点建设
2015	河北省人民政府	《河北省水污染防治工作方案》	新建城镇污水处理厂一律执行一级A排放标准。城镇污水处理率达到90%以上的地区，结合实际情况及时新建污水处理设施。到2019年底，全省所有重点镇具备污水处理能力，城市污水处理率达到95%，县城污水处理率达到90%
2016	河北省水利厅	《河北省节约用水规划（2016~2020年）》	到2020年，实现全省农业用水负增长，生活和工业用水适度增长，地下水采补基本平衡。全社会用水总量控制在220亿立方米以内，其中农业用水控制在130亿立方米以内，工业用水控制在38亿立方米以内，生活用水控制在37亿立方米以内，调节保障生态用水15亿立方米。新增年节水能力24亿立方米以上，农田灌溉水有效利用系数达到0.675以上，公共供水管网漏损率下降到10%以下，再生水利用率达到40%

续表

年份	部门	政策、规划等名称	主要内容
2017	河北省人民政府	《河北省生态环境保护“十三五”规划》	规定到2020年化学需氧量排放量减少到97.86万吨，氨氮排放量减少到7.78万吨

资料来源：作者整理。

2012年，河北省人民政府办公厅印发《河北省实行最严格水资源管理制度实施方案》，确定了河北省2015年用水总量、用水效率和水功能区限制污染控制目标，并提出了方法建议。2013年，河北省环境保护工作会议提出河北省将重点开展大气污染防治和水环境综合整治两大行动，务求在改善大气和水环境质量上取得重要突破。2014年，河北省环境保护厅，河北省财政厅制定了《2014年全省农村面貌改造提升行动推进重点村庄生活污水和垃圾处理试点工作方案》。2015年，河北省政府提出了河北省水污染防治工作方案，提出了未来20年河北省的节水规划和水质标准。2016年5月，河北省水利厅印发《河北省节约用水规划（2016～2020年）》，全面部署“十三五”时期节水型社会建设工作。2016年4月，河北省水利厅公布了河北省水利厅发展的“十三五”规划，设定了水利发展指标体系，指出了水利工程建设任务。2017年，河北省人民政府印发了《河北省生态环境保护“十三五”规划》，设定了河北省水环境污染物质排放总量指标。

2.7 本章小结

2008年经济危机以后，河北经济增速逐渐放缓，但是经济总量逐年增加。城镇化和工业化进程进一步加快。人口总量逐年增加。随着河北省社会经济各项事业的逐渐发展，增加了水资源和水环境承载力压力。

河北省是缺水省份，人均水资源量不足全国平均水平的1/7。水资源供需矛盾突出，2006～2015年平均水资源缺口52亿立方米，不得不超采地下水来保证社会经济和居民生活正常运行。虽然，水资源利用效率逐年提高，但是与京津两地相比，水资源利用效率还很低下，2015年单位GDP耗水量分别是北京和天津的3.8倍和4倍。

河北省水环境污染尚未得到根本改善，50%的湖泊为劣五类水，七大水系中超过36%的地表水是五类和劣五类水。水污染物质排放强度近几年虽然逐渐降低，但是与京津两地比河北省水污染物质排放强度还很高，2015年河北省化学需氧量（COD）、总磷、总氮的排放强度分别是北京的6.2倍、9.6倍和8.8倍，是天津的3.2倍、5.7倍和5.6倍。

为进一步提高水资源利用效率和改善水环境，河北省出台了一列水资源利用规划和管理办法等政策文件，但是这些水资源利用和水环境改善政策的效果还尚未得知。

第3章 河北省水资源、水环境治理政策动态评价模型

为了科学预测河北省水资源利用和水环境改善政策对水资源、水环境和社会经济的影响，本章构建了一个综合的社会经济、水资源、水环境动态最优化综合评价模型，并利用计算机软件（LINGO）进行仿真模拟实验。

3.1 模型构建理论基础

本节基于物质平衡、价值平衡和能源平衡三个平衡理论，结合河北省水资源、水环境和社会经济现状，构建河北省水资源、水环境和经济可持续发展动态最优化综合评价模型，以投入产出模型为基础，科学地反映河北省社会经济活动产生的物质流、价值流和能量流。并利用多目标最优化方法建立模型，通过计算机模拟仿真实验计算各种情景下的最优解，预测各种情景下河北省水资源利用和水环境改善政策对社会经济和环境的影响。

3.1.1 物质、能源、价值平衡理论

物质平衡是环境经济学中的重要概念。物质平衡理论认为，经济的生产

和消费过程是在进行一系列的物理和化学反应，遵循质量守恒定律。环境系统和经济系统存在物质流动关系，在没有积累的情况下，环境系统投入到经济系统的物质量大于等于经济系统排放到环境系统的物质量（李源，2011）。物质平衡模型可以用公式 $E_S = E_I + K$ 表示，公式中 E_S 是环境系统对经济系统的物质投入，E_I 是经济系统向环境系统排放的污染物质，K 是经济系统的物质积累。如果经济生产和消费过程不存在积累，即 K = 0，那么投入的环境物质必然以污染物质的形式返回到环境中（见图 3-1）。在这个物质流动过程中环境的唯一功效就是为人类提供服务。如果现实经济生产和消费活动中，存在物质积累，即 K > 0 时，则存在循环利用，物质成为原材料的一部分，再次被利用（见图 3-2）。

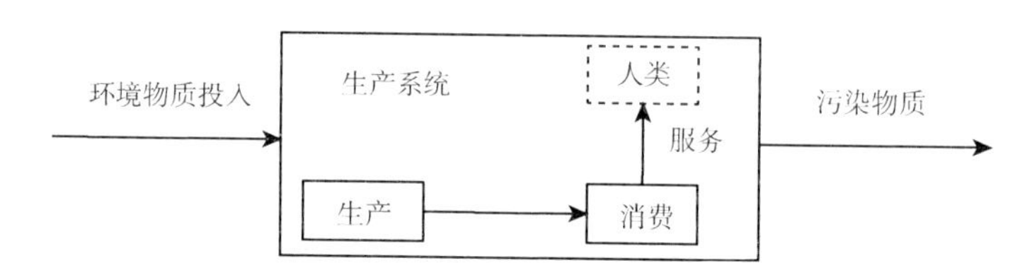

图 3-1 环境系统与经济系统物质流动关系

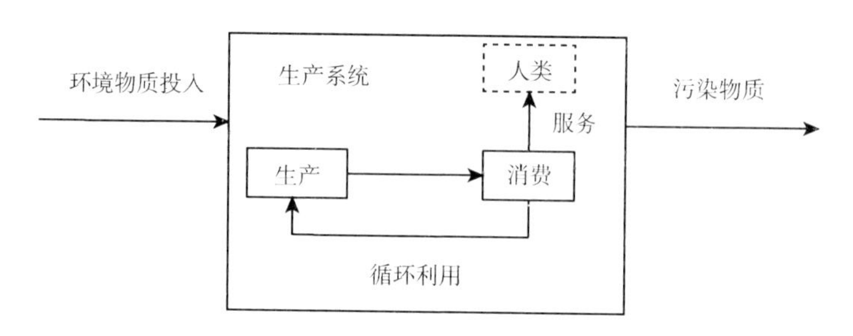

图 3-2 循环利用后环境系统与经济系统物质流动关系

能源平衡是社会经济生产和消费过程中的能源供给与能源需求的关系，并在分析能源供给和需求时，根据能量守恒定律将各种形式的能源转换为统一的能量单位。现代经济中最常见的能源平衡分析工具是能源平衡表，由各种能源品种的单项平衡表组成，是以矩阵形式的表格的形式，将各种能源的资源供应、加工转换和终端消费等各种数据汇总记入若干张表格内，直观地描述报告期内全国或地区各种能源的供应与需求和它们之间的加工转换关系，以及资源供应结构和消费需求结构。利用能源平衡表可以从数量上直观揭示能源的资源、转换和终端消费间的平衡关系。利用能源平衡对区域能源流动过程进行定量系统分析，能够科学描述一定时空范围内能源与经济社会及生态环境之间的内在联系机制，有助于提出相应的政策与技术调控对策（陈操操，2013）。

价值平衡是社会总产品在各部类、各部门之间价值总量、构成及变化情况的平衡，可以通过价值型投入产出表反应价值平衡。利用价值型投入产出模型分析价值平衡不仅统一了模型计量单位，也可反映社会生产中物质的和非物质的、有形的和无形的、实体的和虚拟的全部经济活动，并将经济活动中的物质流和价值流统一到一起，更直观地揭示整个经济系统的价值平衡。

3.1.2 多目标最优化模型

多目标最优化模型被广泛应用于工业、农业、交通运输、商业、国防、建筑、通信、政府机关等各部门各领域的实际工作中。它主要解决最优生产计划、最优分配、最佳设计、最优决策、最优管理等求函数最大值最小值问题。最优化问题所涉及的内容种类繁多，十分复杂，但是它们都有共同的关键因素：变量，约束条件和目标函数。

在最优化问题中，待求解的极值（或最大值最小值）的函数称为目标函数。目标函数常用下列公式表示：

$$\text{Maximize/Minimize} = f(x) = f(x_1, x_2, \cdots, x_m)$$

变量是指最优化问题中所涉及的与约束条件和目标函数有关的待确定的量，问题中涉及的变量为 x_1，x_2，…，x_m。求目标函数的极值时，变量必须满足的限制称为约束条件。数学语言描述约束条件一般来说有两种，即：

等式约束条件：

$$g_i(x) = 0 \quad i = 1, 2, \cdots, m$$

不等式约束条件：

$$h_i(x) \geq 0 \quad i=1,\ 2,\ \cdots,\ m$$

或

$$h_i(x) \leq 0 \quad i=1,\ 2,\ \cdots,\ m$$

多目标最优化模型主要解决两个问题，第一是求出在一定条件的约束下，函数的极值或最大值最小值；第二是求出取得极值时的变量取值。

在创建环境经济综合评价模型中，既可以将经济增长设为目标函数，以环境污染水平为约束条件，讨论在现有的资源环境承载力下经济的最优发展情况，又可以将环境污染最小化设为目标函数，研究在设定的经济增速情况下，最优的资源消耗和最小的环境代价问题。

3.1.3 投入产出模型

投入产出模型是研究国民经济各个部门或产品之间相互制约关系的数量经济方法。该模型通过编制投入产出表，运用线性代数工具建立数学模型，从而揭示国民经济各部门、再生产各环节之间的内在联系，并据此进行经济分析、预测和安排预算计划，按计量单位不同，该模型可分为价值型和实物型（陈锡康，2011）。

投入产出模型将投入产出表中的国民经济各部门生产和分配直接的平衡关系用数学形式表达出来，并可以利用计算机软件模拟计算，揭示国民经济各部门和社会再生产各环节之间的内在联系，数据来源于社会经济系统各个生产和消耗部门的实际资料统计，反映产品供求平衡关系，在经济结构分析、编制经济计划和经济发展预测等方面有广泛应用。

3.2 概念模型和基本设定

3.2.1 概念模型

本书的动态最优化综合评价模型包括一个目标函数（Maximize GRP）和

三个子模型，社会经济模型，水污染物质排放模型和水资源平衡模型（见图3－3）。

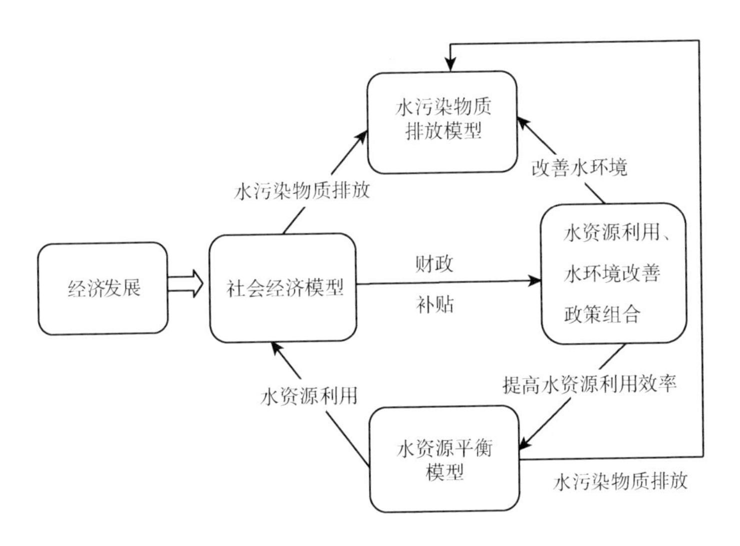

图3－3　概念模型

社会经济模型描述资本投入和社会产出之间的关系；水污染物质排放模型描述社会经济活动产生的水污染物关系，我们选取总磷（T－P）、总氮（T－N）和化学需氧量（COD）为测度指标，单位为吨；水资源平衡模型描述社会经济活动的水资源供给和需求关系。模拟期为2012～2030年，共19年。

在这个动态最优化综合评价模型中，三个子系统是相互依存和相互制约的关系。社会经济活动要消耗水资源，同时向环境中排放水污染物质。政府补贴复合水资源利用和水环境改善政策，以达到提高水资源利用效率和改善环境的目标。

总之，这三个子模型和目标函数是一个综合的系统，本书将把这个综合的系统模型化，并编写成计算机语言进行模拟实验研究。

3.2.2　水污染物质选择

本书采用多种水污染物质总量控制的手段，以达到改善水环境的目的，可以用总磷（T－P）、总氮（T－N）和COD等有机物质来描述水质污染情况。在本书研究中，我们重点研究总磷，总氮和COD的变化情况（见表3－1）。

表3－1　水污染物质分类

序号	水污染物质
1	T－P
2	T－N
3	COD

3.2.3 编制投入产出表

本书基于2012年河北省投入产出表，分别把第一产业划分为农、林、牧、渔四个部门，第二产业划分为工业和建筑业两个部门，第三产业划分为交通邮政仓储、金融业、房地产业和其他产业四个部门（见表3－2）。各产业部门的水污染物质排放系数，取水系数是基于《2013年河北省统计年鉴》《2013年中国统计年鉴》《2012年河北省环境状况公报》和《河北省水资源公报2012》等的数据计算得出。

表3－2　产业部门分类

产业	序号	产业部门
第一产业	1	农业
	2	林业
	3	畜牧业
	4	渔业
第二产业	5	建筑业
	6	工业
第三产业	7	交通运输仓储业
	8	金融业
	9	房地产业
	10	其他

3.2.4 区域划分

为了便于收集数据和政策实施，本书将河北省按照行政区划划分为11个子区域，分别是石家庄市、承德市、张家口市、秦皇岛市、唐山市、廊坊市、保定市、沧州市、衡水市、邢台市、邯郸市（见表3-3）。

表3-3 河北省子区域设定

序号	城市	序号	城市
1	石家庄市	7	张家口市
2	秦皇岛市	8	承德市
3	唐山市	9	沧州市
4	邯郸市	10	廊坊市
5	邢台市	11	衡水市
6	保定市		

3.2.5 对策和技术选择

在本书中，为了实现社会经济和环境的可持续发展，我们提出一组政策组合应对各种污染源（见图3-4），包括：引入家用节水技术、节水灌溉技术、新污水处理技术、南水北调配套设施建设和产业结构调整政策等。其中，产业结构调整和引入新的污水处理技术既可以减少河北省水污染物质排放量，又可以增加河北省再生水资源量；引入新的灌溉技术和家用水龙头节水技术可以合理减少农业用水和居民生活用水，提高水资源利用效率；南水北调工程可以增加河北省水资源的供给。

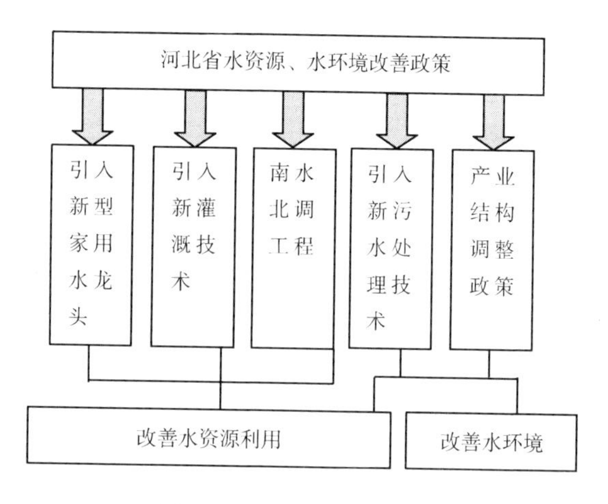

图3-4　技术和政策选择

1. 家用节水技术

家用节水水龙头选取两种类型，一是陶瓷阀芯水龙头，另一种是铜制节水龙头（见表3-4）。目前，我国市场上陶瓷阀芯水龙头的节水率在30%~50%之间，模型中取最小值30%，市场价格在60~200元之间，模型中取最大值200元。铜制节水龙头节水率在60%~70%之间，模型中取最小值60%，市场价格在200~300元之间，模型中取最大值300元。

表3-4　节水水龙头参数

技术类型	节水率（%）		价格（元）	
	节水率	取值	市价	取值
陶瓷阀芯水龙头	30~50	30	60~200	200
铜制节水龙头	60~70	60	200~300	300

2. 节水灌溉技术

模型中节水灌溉技术选择两种类型，一是喷灌技术，另一种是滴灌技术（见表3-5）。河北省目前使用的喷灌技术的节水率在40%~50%之间，模型中取最小值40%，每公顷投资在3500~9000元之间，模型中取中间值6250

元，运行成本每公顷800～1300元之间，模型中取中间值1050元。滴灌技术的节水率在50%～80%之间，模型中取最小值50%，每公顷投资8830.8元，运行成本每公顷888.75元（岳丕昌，2011）。

表3－5　灌溉技术参数

技术类型	投资（元/公顷）	运行成本（元/公顷）	节水率（%）
喷灌	3500～9000	800～1300	40～50
滴灌	8830.8	888.75	50～80

3. 新污水处理技术

本书研究中，我们引入了先进的膜生物反应器（MBR）污水处理技术。MBR污水处理技术目前已经被广泛应用于污水处理系统。在模拟实验中我们使用四种类型的膜生物反应器技术，包括传统的MBR、动态膜生物反应器（DMBR）、超声波膜生物反应器（UMBR）和萃取膜生物反应器（EMBR）。传统的MBR技术具有较低的运行成本和较高的总氮去除率。动态膜生物反应器与超声波膜生物反应器的出水水质相同。但是，动态膜生物反应器比超声波生物反应器具有较高的污水处理能力和较高的投资成本，适用于较大的污水处理厂建设。萃取膜生物反应器适合建设规模较小的污水处理厂，具有较高的氮去除效率。上述四种污水处理技术比传统的活性污泥技术具有较高的水污染物质去除效率，污水处理后可以满足国家再生水利用相关标准，有利于污水资源再生利用。相关技术参数如表3－6所示。

表3－6　新污水处理技术参数

项　目	MBR	DMBR	UMBR	EMBR
投资（百万元）	200	165	70	50
运行成本（元/吨）	1.5	2	2.7	1.8
污水处理能力（百万吨/年）	72	37	11	15

续表

项目		MBR	DMBR	UMBR	EMBR
进水水质（毫克/升）	T-P	6	6	6	6
	T-N	60	65	65	80
	COD	450	450	500	600
出水水质（毫克/升）	T-P	0.5	1	1	1
	T-N	15	10	10	8
	COD	30	15	15	40

3.3 构建河北省水资源、水环境治理政策动态评价模型

河北省水资源和水环境改善政策的环境经济影响动态最优化综合评价模型由一个目标函数和三个子模型组成。目标函数是地区生产总值最大化，三个子模型分别为水污染物质排放模型，水资源平衡模型和社会经济模型。模拟期从2012到2030年，共19年。模型中的变量分为内生变量（简称内）和外生变量（简称外）两种。

3.3.1 目标函数

模型的目标函数设为地区生产总值（gross regional product，GRP，同GDP）最大化。根据利润最大化理论，该目标函数使社会经济系统和市场达到均衡状态。目标函数用下面的公式表示：

$$\max \sum_{t} \frac{1}{(1+\rho)^{(t-1)}} GRP(t) \quad t=1, 2, \cdots, 19 \tag{3-1}$$

$$GRP(t) = \sum_{m} v^{m} \cdot X^{m}(t) \quad m=1, 2, \cdots, 10 \tag{3-2}$$

式（3-1）和式（3-2）中，

t：模拟期，取值为1至19；

m：产业部门，取值为1至10；

ρ：社会折旧率，0.05（外）；

GRP(t)：第t期，河北省地区生产总值（内）；

v：附加价值率（外）；

$X^m(t)$：第t期，河北省产业部门m的产出（内）。

3.3.2 水污染物质排放模型

河北省水污染物质排放模型结构如图3－5所示。水污染物质排放源包括居民生活排放、产业生产、面源污染和雨水。雨水排放的水污染物质虽然很少，但是这部分污染不能通过调整社会经济活动而减少，所以我们将其单列为一个污染源（Hirose et al.，2000；Mizunoya et al.，2007；Yan，2010）。所以经过雨水排放的水污染物质不被计算在面源污染中。一部分污水经过管道输送到污水处理厂，另一部分直接排放到河流中。由于很难收集面源污染和雨水的水污染物，我们假设这些直接流入河流。

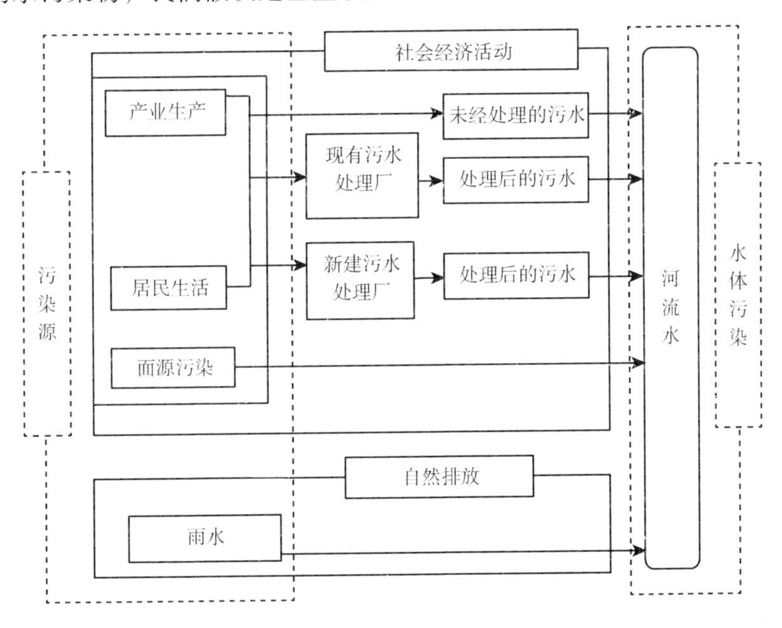

图3－5　水污染物质排放模型

1. 河北省水污染物质排放总量

河北省水污染物质排放总量是各个区域的水污染物质排放总量之和。用下面的公式表示：

$$TQ^{p}(t) = \sum_{j} WP_{j}^{p}(t)(p=1:T-P; p=2:T-N; p=3:COD) \qquad (3-3)$$

式（3-3）中，

$TQ^{p}(t)$：第 t 期，河北省水污染物质 p 的排放总量（内）；

$WP_{j}^{p}(t)$：第 t 期，区域 j 水污染物质排放总量（内）。

2. 河北省水污染物质排放总量控制

为了实现河北省政府水污染物质减排目标，根据 2012 年河北省水污染物质排放数据，我们设定一个水污染物质排放上限，在进行模拟实验时，河北省每一年的水污染物质排放值不能超过这个上限值。用下面的公式表示：

$$TQ^{p}(t) \leqslant TQC^{p}(t) \qquad (3-4)$$

式（3-4）中，

$TQC^{p}(t)$：第 t 期水污染物质 p 排放的排放总量上限（外）。

河北省每年各种水污染物质排放总量如表 3-7 所示。模型中设定 2030 年比 2012 年排放总量减少 15%。

表 3-7　河北省 2012～2030 年各种水污染物质排放量上限　单位：吨

年份	COD	总磷	总氮
2012	1341120	38595	360713
2013	1329066	38248	357471
2014	1317120	37904	354258
2015	1305281	37564	351074
2016	1293549	37226	347918
2017	1281923	36891	344791
2018	1270400	36560	341692

续表

年份	COD	总磷	总氮
2019	1258982	36231	338621
2020	1247666	35906	335577
2021	1236452	35583	332561
2022	1225338	35263	329572
2023	1214325	34946	326610
2024	1203410	34632	323674
2025	1192593	34321	320765
2026	1181874	34012	317882
2027	1171251	33706	315024
2028	1160724	33404	312193
2029	1150291	33103	309387
2030	1139952	32806	306606

3. 各个区域的水污染物质排放总量

由于不能通过社会生产活动减少降雨量，我们将降雨排放的水污染物质单独列出。河北省各个区域水污染物质排放总量由排放到河流中的水污染物质排放总量和降雨排放的水污染物质两部分组成。用下面的公式表示：

$$WP_j^p(t) = QR(t) + RQ_j^p(t) \tag{3-5}$$

式（3－5）中，

$QR(t)$：第 t 期，水污染物质 p 流入河流的排放总量（内）；

$RQ_j^p(t)$：第 t 期，区域 j 降雨排放水污染物质 p 的总量（内）。

4. 河流中水污染物质排放总量

由社会经济活动排放的水污染物质流入河中，经过河流净化后变为河流水污染物质排放总量。河流中的水污染物质排放总量用下面的公式描述：

$$QR_j^p(t) = (1-\upsilon) \cdot SECQ_j^p(t) \tag{3-6}$$

式（3-6）中，

$QR_j^p(t)$：第 t 期，区域 j，水污染物质 p 流入河流的排放总量（内）；

υ：河流自净率（外）；

$SECQ_j^p(t)$：第 t 期，区域 j 的社会经济活动排水的水污染物质 p 的排放量（内）。

5. 经济活动产生的水污染物质排放量

社会经济活动的水污染物质排放源包括居民生活、产业生产和面源污染。部分污染物质经过污水处理厂后被去除。社会经济活动的水污染物质排放量用下面的公式描述：

$$SECQ_j^p(t) = HQ_j^p(t) + UIQ_j^p(t) + NQ_j^p(t) - SEQ_j^p(t) \tag{3-7}$$

式（3-7）中，

$HQ_j^p(t)$：第 t 期，区域 j，由居民生活产生的水污染物质 p 的排放量（内）；

$UIQ_j^p(t)$：第 t 期，区域 j，由产业生产产生的水污染物质 p 的排放量（内）；

$NQ_j^p(t)$：第 t 期，区域 j，由面源污染产生的水污染物质 p 的排放量（内）；

$SEQ_j^p(t)$：第 t 期，区域 j，由污水处理厂直接去除的水污染物质 p 的量（内）。

6. 面源污染水污染物质排放量

面源污染排放的水污染物质由土地利用类型和其污染物质排放系数决定。用下面的公式描述：

$$NQ_j^p(t) = \sum_g EL^g \cdot L_j^g(t) \tag{3-8}$$

式（3-8）中，

EL^g：土地利用类型 g 的水污染物质 p 的排放系数（外）；

$L_j^g(t)$：第t期，区域j土地利用类型g的面积（内）。

7. 居民生活用水中水污染物质排放量

居民生活用水的水污染物质排放量由人口数量和人均水污染物质排放系数决定。由下面的公式描述：

$$HQ_j^p(t) = Z_j(t) \cdot EH^p \tag{3-9}$$

$$Z_j(t+1) = Z_j(t) \cdot (1+\mu) \tag{3-10}$$

式（3-9）和式（3-10）中，

$Z_j(t)$：第t期，区域j的人口数（内）；

EH^p：水污染物质p的人均排放系数（外）；

μ：常住人口增长率（外）。

8. 产业生产排放的水污染物质量

产业生产的水污染物质排放量取决于产值和单位产值的水污染物质排放系数，我们用下面的公式描述：

$$UIQ_j^p(t) = \sum_m x_j^m(t) \cdot EUI^m \tag{3-11}$$

式（3-11）中，

$x_j^m(t)$：第t期，区域j，产业m的产值（内）；

EUI^m：产业m的水污染物质排放系数（外）。

9. 污水处理厂去除的水污染物质量

污水处理厂去除的水污染物质包括两个部分，一部分是由现有污水处理厂去除，另一部分由新建污水处理厂去除。由于每种污水处理技术的水污染物质去除率不同，我们分别计算不同污水处理技术的水污染物质去除量。其中原有污水处理厂使用的技术有24种，新建污水处理厂使用的技术有4种。我们用下面的公式描述污水处理厂去除的水污染物质量：

$$SEQ_j^p(t) = SEQ_j^a(t) + SEQ_j^b(t) \tag{3-12}$$

式（3-12）中，

$SEQ_j^a(t)$：第t期，区域j利用污水处理技术a的原污水处理厂去除的水污染物质量（内）；

$SEQ_j^b(t)$：第t期，区域j利用污水处理技术b的新污水处理厂去除的水污染物质量（内）。

由现有污水处理厂去除的水污染物质量公式描述如下：

$$SEQ_j^a(t) = \sum_a QSE_j^a(t) \cdot \alpha^a \tag{3-13}$$

式（3-13）中，

$QSE_j^a(t)$：第t期，区域j原有污水处理厂利用污水处理技术a处理的污水量（内）；

α^a：污水处理技术a的水污染物质去除系数（外）。

新建污水处理厂去除的水污染物质量公式描述如下：

$$SEQ_j^b(t) = \sum_b QSE_j^b(t) \cdot \alpha^b \tag{3-14}$$

式（3-14）中，

$QSE_j^b(t)$：第t期，区域j新建污水处理厂利用污水处理技术b处理的污水量（内）；

α^b：污水处理技术b的水污染物质去除系数（外）。

10. 降雨产生的水污染物质量

降雨产生的水污染物质量由土地面积和降雨系数决定，用下面的公式描述：

$$RQ_j^p(t) = ER^p(t) \cdot L_j(t) \tag{3-15}$$

式（3-15）中，

ER^p：雨水污染物质p的排放系数（外），$ER^1 = 47$ 千克/平方米年$^{-1}$，$ER^2 = 1，124$ 千克/平方米年$^{-1}$，$ER^3 = 2091$ 千克/平方米年$^{-1}$（Hirose et al.，2000；Yan 2010）；

$L_j(t)$：第 t 期，区域 j 的面积（内）。

社会经济活动产生的水污染物质经过污水处理厂和污泥处理厂后，大部分被直接去除。控制河北省水污染物质排放总量，可以达到改善水环境的目的。

3.3.3 水资源平衡模型

河北省水资源供给划分为地表水、地下水、再生水、调入水（南水北调）四个部分；水资源需求分为农业用水、工业用水、生活用水和生态用水四部分。

1. 河北省水资源供给总量

根据《河北省节约用水规划（2016～2020 年）》我们在模型中设定 2015～2030 年河北省水资源总量为 220 亿立方米；地表水是外生变量取多年平均量；调入水也是外生变量，根据南水北调工程水量分配计划，一期工程河北省分配水量约为 34 亿立方米，模型设计到 2030 年全部配套设施都建设完成，南水北调水资源量逐年增加，到 2030 年达到 34 亿立方米；再生水资源量由模型内生决定，由每年发生的投资补贴决定；地下水由模型内生决定，当其他三种水资源量小于 220 亿立方米时，由地下水资源补充。

河北省水资源供给总量是各个子区域水资源供给总量之和，用下面的公式描述：

$$TWS(t) = \sum_j RWS_j(t) \tag{3-16}$$

式（3－16）中，

$TWS(t)$：河北省第 t 期水资源总供给（内）；

$RWS_j(t)$：河北省第 t 期，区域 j 水资源供给总量（内）。

各个区域水资源总供给是由各区域的地表水、地下水、调入水（南水北调）和再生水构成，具体公式为：

$$RWS_j(t) = SW_j(t) + UW_j(t) + FW_j(t) + RW_j(t) \quad (3-17)$$

式（3－17）中，

$SW_j(t)$：河北省第 t 期，区域 j 地表水总供给（内）；

$UW_j(t)$：河北省第 t 期，区域 j 地下水总供给（内）；

$FW_j(t)$：河北省第 t 期，区域 j 调入水总供给（内）；

$RW_j(t)$：河北省第 t 期，区域 j 再生水总供给（内）。

2. 河北省水资源需求总量

河北省水资源需求总量是各个区域水资源需求总量之和。用下面的公式表示：

$$TWD(t) = \sum_j RWD_j(t) \quad (3-18)$$

式（3－18）中，

$TWD(t)$：河北省第 t 期，水资源总需求（内）；

$TWD_j(t)$：河北省第 t 期，区域 j 水资源需求总量（内）。

各个区域水资源需求总量为农业用水、工业用水、居民生活用水、生态用水之和。用下面的公式描述：

$$TWD_j(t) = AWD_j(t) + IWD_j(t) + HWD_j(t) + EWD_j(t) - \Delta IB_j(t) - \Delta IC_j(t) \quad (3-19)$$

式（3－19）中，

$AWD_j(t)$：河北省第 t 期，区域 j 农业用水（内）；

$IWD_j(t)$：河北省第 t 期，区域 j 工业用水（内）；

$HWD_j(t)$：河北省第 t 期，区域 j 居民用水（内）；

$EWD_j(t)$：河北省第 t 期，区域 j 生态用水（内）；

$\Delta IB_j(t)$：河北省第 t 期，区域 j 使用新灌溉技术的节水量（内）；

$\Delta IC_j(t)$：河北省第 t 期，区域 j 引用新型家用水龙头的节水量（内）。

河北省各区域中农业用水总量由农业产值和单位产值耗水系数决定，用下面的公式描述：

$$AWD_j(t) = X_j^n(t) \cdot \kappa^n \tag{3-20}$$

式（3-20）中，

$X_j^n(t)$：河北省第t期，区域j农业各部门产值，n取1~4（内）；

κ^n：农业、林业单位耗水系数，n取1~4（外）。

河北省居民生活用水总量由各区域居民人口数量和各区域人均用水系数决定，居民生活用水变化情况用下面的公式描述：

$$HWD_j(t) = Z_j^n(t) \cdot \kappa^b \tag{3-21}$$

式（3-21）中，

κ^b：人均用水系数（外）；

$Z_j^n(t)$：河北省第t期，区域j人口总数（内）。

各区域工业用水量由各区域各工业部门产值和单位产值用水系数决定，由下面的公式描述：

$$IWD_j(t) = X_j^m(t) \cdot \kappa^m \tag{3-22}$$

式（3-22）中，

$X_j^m(t)$：河北省第t期，区域j，工业部门m产值（内）；

κ^m：单位产值用水系数（外）。

生态用水量变化情况如下：

$$EWD_j(t+1) = EWD_j(t) \cdot (1+V) \tag{3-23}$$

式（3-23）中，

$EWD_j(t)$：河北省第t期，区域j生态用水量（内）；

V：生态用水平均增长速率（外）。

3.3.4 社会经济模型

为了实现河北省“十三五”规定的节水减排目标，改善河北省水环境和水资源现状，本模型引入了四个政策，分别是引入新的污水处理技术，引入新的灌溉技术，引入新的家用水龙头，南水北调工程。本部分把河北省水环境改善政策及其对经济生活带来的影响模型化。

1. 引入新的灌溉技术

新灌溉技术主要包括滴灌技术和喷灌技术两种类型。引入新的灌溉技术会减少农业用水，具体变化情况用下面的公式表示：

$$AWD_j(t+1) = AWD_j(t+1) - \Delta IB_j(t+1) \quad (3-24)$$

式（3－24）中，

$AWD_j(t+1)$：河北省第 t+1 期，区域 j 农业用水（内）；

$\Delta IB_j(t+1)$：河北省第 t 期，区域 j 使用新灌溉技术的节水量（内）。

新灌溉技术减少的农业用水量由政府投资新灌溉技术的财政补贴决定，用下面的公式描述：

$$\Delta IB_j(t+1) \leqslant I_j^c(t) \cdot \eta^c c=1,\ 2 \quad (3-25)$$

式（3－25）中，

$I_j^c(t)$：河北省第 t 期，区域 j，对新灌溉技术 c 的财政补贴额；

η^c：新灌溉技术 c 的投资转换系数（外）。

新灌溉技术的运行成本由新灌溉技术农业用水量和单位用水量的运行成本系数决定，由下面的公式表示：

$$AWDC_j(t) = \Delta IB_j(t) \cdot \mu^c \quad (3-26)$$

式（3－26）中，

$AWDC_j(t)$：河北省第 t 期，区域 j，使用新灌溉技术 c 的运行成本（内）；

$\Delta IB_j(t)$：河北省第 t 期，区域 j，使用新灌溉技术的节水量（内）；

μ^c：新灌溉技术 c 的运行成本系数（外）。

引用新灌溉技术的投资和运行成本应该小于河北省财政总额，用下面的公式表示：

$$S_j^c(t) \geqslant AWDC_j(t) + I_j^c(t) \quad (3-27)$$

式（3-27）中，

$S_j^c(t)$：河北省第t期，使用新灌溉技术c的财政补贴总额（内）。

2. 家庭节水技术

家庭节水技术主要引入家用节水龙头包括陶瓷阀芯水龙头和铜制节水龙头两种。引入新型家用水龙头会减少居民用水，引入新技术后居民用水变化情况用下面的公式表示：

$$HWD_j(t)=HWD_j(t)-\Delta IC_j(t) \tag{3-28}$$

$$\Delta IC_j(t)\leqslant I_j^d(t)\cdot\eta^d \tag{3-29}$$

式（3-28）和式（3-29）中，

$HWD_j(t)$：河北省第t期，区域j，居民生活用水量（内）；

$\Delta IC_j(t)$：河北省第t期，区域j，使用新型家用水龙头的节水量（内）；

$I_j^d(t)$：河北省第t期，区域j，对新型家用水龙头d的财政补贴额（内）；

η^d：新型家用水龙头d的投资转换系数（外）。

家庭节水技术投资总额受政府财政补贴限制，用下面的公式表示：

$$S_j^d(t)\geqslant I_j^d(t) \tag{3-30}$$

式（3-30）中，

$S_j^d(t)$：河北省第t期，使用新型家用水龙头d的财政补贴总额（内）。

3. 南水北调工程

南水北调工程的相关财政支出已在国家其他项目中规划，本书不再重复计算，根据南水北调工程一期规划，河北省到2030年可利用南水北调工程水34亿立方米。

4. 产业结构调整政策

通过财政补贴减少产业资本存量，实现产业结构调整进而减少水污染物质排放。根据哈罗德多玛模型描述产业补贴后的资本产出关系，用下面的公式表示：

$$x_j^m(t) \leqslant \alpha^m \{k_j^m(t) - s_j^m(t)\} \ (m=1, 2, \cdots, 10) \tag{3-31}$$

$$k_j^m(t+1) = k_j^m(t) + I_j^m(t+1) - f^m \cdot k_j^m(t) \tag{3-32}$$

式（3-31）和式（3-32）中，

$x_j^m(t)$：第 t 期，区域 j 产业 m 的产值（内）；

$k_j^m(t)$：第 t 期，区域 j 产业 m 的实用资本量（内）；

$s_j^m(t)$：第 t 期，区域 j 政府对产业 m 的财政补贴额（内）；

α^m：产业 m 的资本投入产出比倒数（外）；

$I_j^m(t+1)$：第 t+1 期，区域 j 产业部门 m 的投资（内）；

f^m：产业 m 的资本折旧率（外）。

5. 引入新污水处理技术

通过引入新污水处理技术可以直接去除水污染物质，缓解水环境污染。随着河北省经济发展和人口数量变化，污水排放量也发生变化。河北省利用新污水处理技术新建污水处理厂，污水处理量也逐年增加。由于新建污水处理厂，可以在保持水污染物质排放总量不变的前提下，排放更多污水，即实现经济发展和人口增长而不继续破坏水环境。

河北省污水排放量由产业产值、人口数量和相应的排放系数决定。用下面的公式表示：

$$TQSE_j(t) = \sum_m x_j^m(t) \cdot \eta^m + Z_j(t) \cdot \eta^z \tag{3-33}$$

式（3-33）中，

$TQSE_j(t)$：第 t 期，区域 j 的污水排放量（内）；

$x_j^m(t)$：第 t 期，区域 j 产业 m 的产值（内）；

η^m：产业 m 的污水排放系数（外）；

$Z_j(t)$：第 t 期，区域 j 的人口总量（内）；

η^z：每个人的污水排放系数（外）。

污水处理厂包括两个部分，一部分是原有污水处理厂，另一部分是新建污水处理厂。本书中财政补贴全部用于引入新技术建设新污水处理厂，而不进行原有污水处理厂的升级改造。污水处理量用下面的公式描述：

$$TQSET_j(t) = \sum_a QSE_j^a(t) + \sum_b QSE_j^b(t) \tag{3-34}$$

式（3-34）中，

$TQSET_j(t)$：第 t 期，区域 j 污水处理量（内）；

$QSE_j^a(t)$：第 t 期，区域 j 原有污水处理厂使用技术 a 处理的污水量（内）；

$QSE_j^b(t)$：第 t 期，区域 j 新建污水处理厂使用技术 b 处理的污水量（内）。

根据实际情况，污水处理量应小于等于污水排放量，用下面的公式描述：

$$TQSET_j(t) \leqslant TQSE_j(t) \tag{3-35}$$

式（3-35）中，

$TQSET_j(t)$：第 t 期，区域 j 污水处理量（内）；

$TQSE_j(t)$：第 t 期，区域 j 的污水排放量（内）。

河北省污水处理量是逐年变化的，新增污水处理量由河北省政府的财政补贴额决定。河北省污水处理量变化情况用下面的公式表示：

$$TQSET_j(t+1) = TQSET_j(t) + \Delta TQSET_j(t) \tag{3-36}$$

$$\Delta TQSET_j(t) = \sum_b \Delta QSE_j^b(t) \tag{3-37}$$

$$QSE_j^b(t+1) = QSE_j^b(t) + \Delta QSE_j^b(t) \tag{3-38}$$

$$\Delta QSE_j^b(t) \leqslant \Phi \cdot I_j^b(t) \tag{3-39}$$

式（3-36）~式（3-39）中，

$TQSET_j(t+1)$：第 t+1 期，区域 j 的污水处理量（内）；

$\Delta TQSET_j(t)$：第 t 期，区域 j 的新增加的污水处理量（内）；

$\Delta QSE_j^b(t)$：第 t 期，区域 j 的新增加的由技术 b 处理的污水量（内）；

$QSE_j^b(t+1)$：第 t+1 期，区域 j 由新技术 b 处理的污水量（内）；

$I_j^b(t)$：第 t 期，区域 j 使用新技术 b 新建污水处理厂的投资额（内）；

Φ：新污水处理技术的投资转换系数（外）。

随着污水处理量的增加，污水处理的运行成本也随之增加，新增的污水处理运行成本由新增污水处理量决定，用下面的公式描述：

$$MC_j^b(t) = \zeta_j^b \cdot QSE_j^b(t) \tag{3-40}$$

式（3-40）中，

$MC_j^b(t)$：第 t 期，区域 j 使用新技术 b 的污水处理厂的维护成本（内）；

ζ_j^b：区域 j，新技术 b 的运行成本转换系数（外）。

新建污水处理厂的投资和新增的污水处理运行成本受制于河北省污水处理政策财政补贴总额，用下面的公式表示：

$$I_j^b(t) + MC_j^b(t) \leqslant S_j^b(t) \tag{3-41}$$

式（3-41）中，

$S_j^b(t)$：第 t 期，区域 j 使用新技术 b 建厂的财政补贴额（内）。

6. 政府补贴制约

政府水环境改善政策补贴包括四个部分，即产业结构调整政策，引入新污水处理政策，引入新的灌溉技术和家用水龙头，南水北调工程。分配到各个政策的财政预算不能超过当年的政府水环境改善政策的预算总额。

$$S(t) \geqslant \sum_j \sum_c S_j^b + \sum_j \sum_c S_j^c + \sum_j \sum_c S_j^d + \sum_j \sum_d S_j^m \tag{3-42}$$

式（3-42）中，

$S(t)$：第 t 期，河北省水环境改善政策的财政补贴总额（内）。

7. 产业生产的市场平衡

投入产出模型是本书研究的基础，我们构建了投资新技术后的十部门价值型投入产出表。根据市场平衡的要求，各产业的总产出要大于或者等于中间投入和最终需求之和。产业发展的动态平衡关系用下面的公式表示：

$$X^m(t) \geqslant A \cdot X^m(t) + C(t) + i^m(t) + \beta_m^b I^b(t) + \beta_m^d I^d(t) + \beta_m^c \cdot I^C(t) + \beta_m^e \cdot I^e(t) + e(t) \tag{3-43}$$

$$I^b(t) = \sum_j \sum_b I_j^b(t) \tag{3-44}$$

$$I^d(t) = \sum_j \sum_d I_j^d(t) \tag{3-45}$$

$$I^c(t) = \sum_j \sum_c I_j^c(t) \tag{3-46}$$

$$I^e(t) = \sum_j \sum_e I_j^e(t) \tag{3-47}$$

$$X(t) = \sum_j x_j^m(t) \tag{3-48}$$

式（3-43）~式（3-48）中，

$X^m(t)$：第t期各个产业的产值；

A：投入产出系数（外）；

$C(t)$：第t期消费总额（内）；

$i^m(t)$：第m个产业的总投资（内）；

β_m^b：新技术b引入后，对各个产业发展的影响系数（外）；

$I^b(t)$：第t期，新技术b的总投资（内）；

β_m^d：新技术d引入后，对各个产业发展的影响系数（外）；

$I^d(t)$：第t期，新技术d的总投资（内）；

β_m^c：新技术c引入后，对各个产业发展的影响系数（外）；

$I^c(t)$：第t期，新技术c的总投资（内）；

β_m^e：新技术e引入后，对各个产业发展的影响系数（外）；

$I^e(t)$：第t期，新技术e的总投资（内）；

$e(t)$：第t期净出口总额（内）。

3.4 数据来源

本书数据包括三个方面：一是政府公布数据，包括河北省社会经济、资源和环境数据，主要来源于《河北省经济年鉴》《河北省水资源公报》《河北省环境状况公报》《河北省2012年投入产出表》；二是调研数据，包括河北省各区域污水厂数量，处理能力等，主要来源于环境保护部、中国水工业网和各市实地调研；第三部分是计算数据，主要是模型中设计的各种系数，根据河北省公布数据和调研数据计算得出。本书中模型中涉及的主要基础数据见附录1～7。

3.5 本章小结

本章详细介绍了河北省水资源和水环境改善政策的环境经济影响动态最优化综合评价模型，该模型基于“三个平衡”理论，利用投入产出表和多目标线性优化方法，分析复合的水环境改善政策对社会经济和环境的影响。

第 4 章
河北省水资源、水环境治理政策效果的情景分析

4.1 情景设定

本章中我们设定四个情景，分析河北省水环境改善和水资源利用政策对环境和社会经济产生的综合影响。

模型的目标函数是经济最大化发展，水污染物质排放和水资源供给总量是限定条件，最终在资源和环境的限制下实现经济可持续发展。根据模型测算，当 2030 年比 2012 年水污染物质排放总量减少大于 15% 时，基础情景没有最优解。所以为了便于比较本书中各个情景的水污染物排放的限定条件设置为 2030 年水污染物质排放总量比 2012 年减少 15%。为实现社会经济发展，水资源供给总量需大于等于水资源需求量，当其他水资源供给不能满足需求时，通过开发地下水资源增加水供给。根据《河北省节约用水规划（2016 ~ 2020 年）》，河北省每年的用水总量不超过 220 亿立方米，所以本书中水资源约束条件设定用水总量小于等于 220 亿立方米/年。

河北省引入的水环境改善和水资源利用技术分为两种类型。一类是节水技术，包括家用节水技术和灌溉节水技术。这类技术的作用是提高水资源利

用效率，减少水资源需求。第二类是污水处理技术，这类技术的作用是既能增加再生水的供给量又能减少水污染物质排放总量。河北省通过补贴引入各种技术的政策实现改善水环境和提高水资源利用效率。本节根据政策效果和技术类型设定为四个情景（见表4－1）。

表4－1　　情景设定

情景	2030年水污染物质排放量比2012年减少15%	年用水总量小于220立方米	补贴产业结构调整	家庭节水技术	农业节水技术	污水处理技术
基础情景	是	是	无	无	无	无
改进情景1	是	是	有	有	有	无
改进情景2	是	是	有	无	无	有
综合情景	是	是	有	有	有	有

基础情景，设定为2030年水污染物质总量比2012年减少15%，水资源总量小于等于220亿立方米/年，不补贴产业结构调整，不引入节水技术和污水处理技术。

改进情景1，设定为2030年水污染物质总量比2012年减少15%，水资源总量小于等于220亿立方米/年，补贴产业结构调整，补贴引入家用节水技术和农业节水技术。

改进情景2，设定为2030年水污染物质总量比2012年减少15%，水资源总量小于等于220亿立方米/年，补贴产业结构调整，补贴引入污水处理技术。

综合情景，设定为2030年水污染物质总量比2012年减少15%，水资源总量小于等于220亿立方米/年，补贴产业结构调整，补贴引入家用节水技术和农业节水技术，补贴引用污水处理技术。

4.2　最优情景选取

本节选取了模拟期GRP总量，模拟期GRP变化量和平均增速，分析各个情景中河北省社会经济发展情况；选取模拟期水污染物质排放总量、模拟期水污染物质排放强度，分析各个情景中河北省水环境改善情况；选取模拟期水资源利用总量和水资源消耗强度，分析各个情景中河北省水资源利用情况。最终通过综合比较不同情景中社会经济、水资源和水环境指标，选取能够实现河北省社会经济、水资源和水环境可持续发展的最优情景。

4.2.1 河北省经济发展情景分析

1. 模拟期经济总量分析

2012～2030年河北省各个情景中地区生产总值（GRP）总量如图4-1所示。模拟期中基础情景GRP总量为58.63万亿元，改进情景1中GRP总量为65.85万亿元，改进情景2中GRP总量为73.47万亿元，综合情景中GRP总量为79.36万亿元。

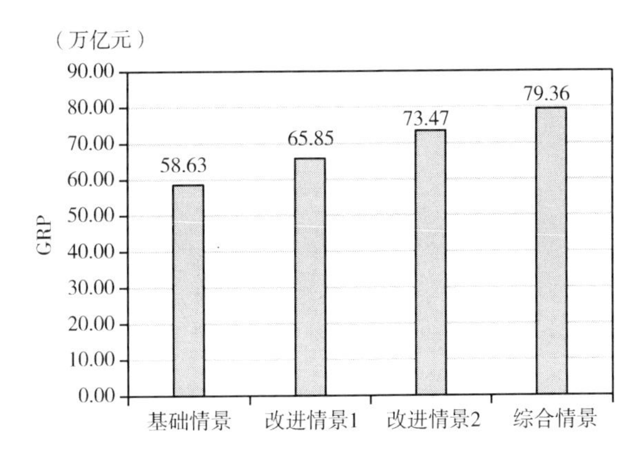

图4-1　各个情景中2012～2030年河北省GRP总量

基础情景中，只采用了产业结构调整政策，与其他情景相比，在水污染物质排放总量的约束下，经济增长速度最慢，经济总量最小。

改进情景1中，引入了家庭节水技术和农业节水技术，在相同的水污染物质排放总量约束下，与基础情景相比模拟期 GRP 总量增加 7.22 万亿元，增加 12.31%。这个模拟结果说明在相同的水环境约束下，利用节水技术可以大量节约水资源，促进经济发展。

改进情景 2 中，引入了污水处理技术，既增加了水资源供给量又去除了水污染物质。在相同的水污染物质排放总量约束下，GRP 比基础情景多 14.83 万亿元，增加 25%。说明新引进的污水处理技术去除了大量的水污染物质，在水污染物质排放总量上限的约束下，增加了产业发展的污染物排放量上限，使产值有了更大的增长空间。但是，同时我们也发现，改进情景 2 中的水资源需求总量比基础情景增加 22.93%。

综合情景中，既引入了节水技术又引入了污水处理技术，模拟期 GRP 总量比基础情景增加 20.73 万亿元，增加 35%，增幅高于其他情景。模拟期 GRP 总量与改进情景 2 相比增加 5.89 万亿元，增加 7.42%，但是水资源需求总量只比改进情景增加 1.78%。这说明综合情景中，引入的节水技术和污水处理技术较好地改善了水环境和节约了水资源。

2. GRP 变化趋势分析

河北省 2012~2030 年 GRP 变化趋势情况如图 4-2 所示。基础情景、改进情景 1、改进情景 2 和综合情景的 GRP 都是逐年增加的，年均增长率分别为 2.29%，3.65%，4.54% 和 5.38%。基础情景中，2012~2030 年 GRP 各年最大增幅为 4.30%，最小增幅为 0.31%；改进情景 1 中，GRP 各年最大增幅为 6.09%，最小增幅为 0.75%；改进情景 2 中，GRP 各年最大增幅为 5.56%，最小增幅为 0.91%；综合情景中，GRP 各年最大增幅为 6.58%，最小增幅为 1.32%。从这个结果也可以看出，补贴节水技术和污水处理技术可以实现在污染物质排放总量和水资源需求总量限制的条件下促进经济发展。同时也说明，单独使用的产业结构调整政策不能实现经济快速增长、资源充分利用和环境保护的目标。

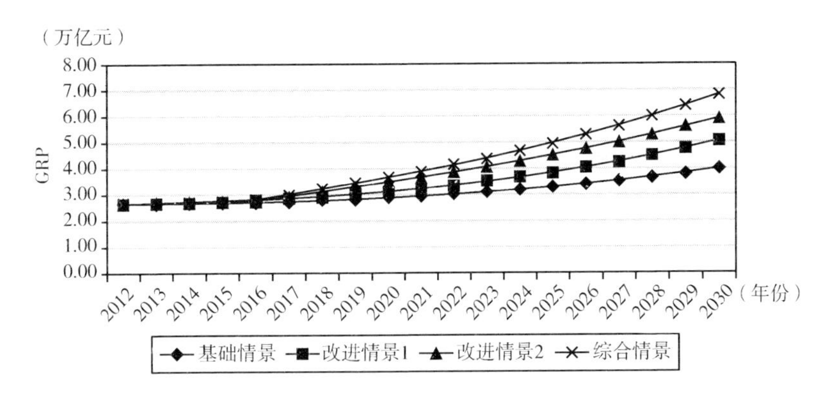

图4－2　河北省2012～2030年GRP变化情况

4.2.2　河北省水污染物质排放情景分析

1. 水污染物质排放量分析

河北省水污染物质排放总量是由区域的社会经济发展情况、环境保护和水污染物质去除技术等多种因素共同决定的。本书中我们设定河北省2030年水污染物质排放总量比2012年减少15%，并且每年按同比例下降。各个情景中模拟期水污染物质排放总量如下：基础情景中COD、总氮和总磷的排放总量分别为2172万吨、627万吨和67万吨；改进情景1中COD、总氮和总磷的排放总量分别为2172万吨、627万吨和67万吨；改进情景2中COD、总氮和总磷的排放总量分别为2142万吨、582万吨和66万吨；综合情景中COD、总氮和总磷的排放总量分别为2104万吨、613万吨和65万吨（见图4－3）。在这个模拟结果中我们可以看出，基础情景和改进情景1的水污染物质排放量相同，但与改进情景2和综合情景的排放量不同。原因是各种污水处理技术的水污染物质去除率不同，污水处理技术的COD和总氮去除率较高，总磷去除率较低。同时，新引进的污水处理技术各种水污染物质去除率都高于原有污水处理技术。模型中我们同时限制COD、总磷和总氮减少比例，所以在基础情景和改进情景1中使用原有污水处理技术的情况下，2030年比2012年总磷减少的比例为15%，总氮和COD的去除比例超过15%，分别为21.14%和15.02%；而在综合情景中，河北省引入了新污水处理技术，2030年比2012年的COD、总氮和总磷分别减少37%、26%和19%。

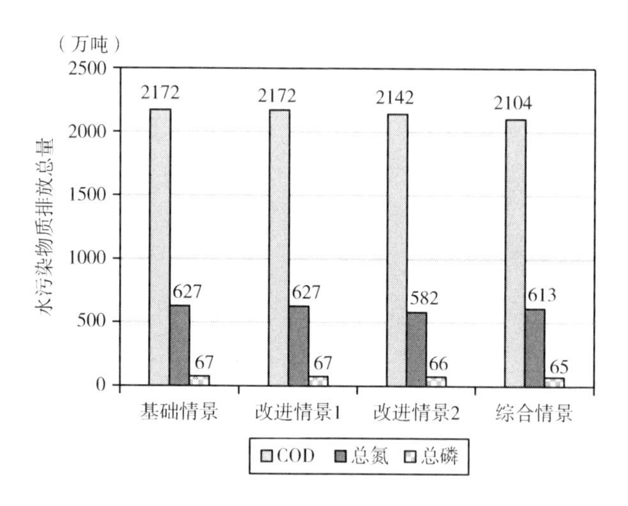

图4-3　模拟期河北省各种水污染物质排放总量

2. 水污染物质排放强度

水污染物质排放强度是指单位GRP的水污染物质排放量，单位一般为吨/万元GRP，是区域社会经济发展和水环境改善的重要指标。图4-4、图4-5和图4-6分别是河北省模拟期COD、总氮和总磷的排放强度。

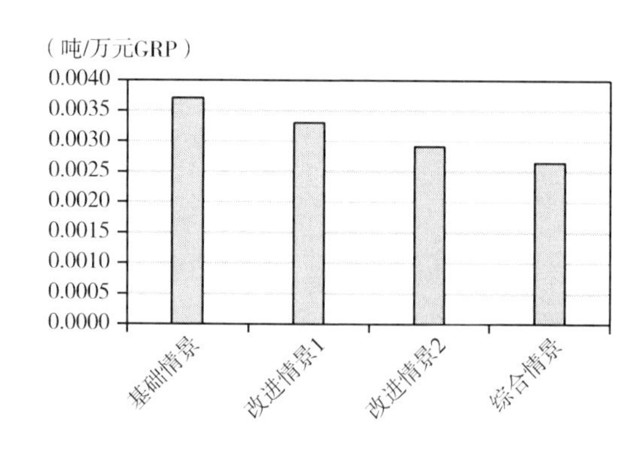

图4-4　模拟期河北省COD排放强度

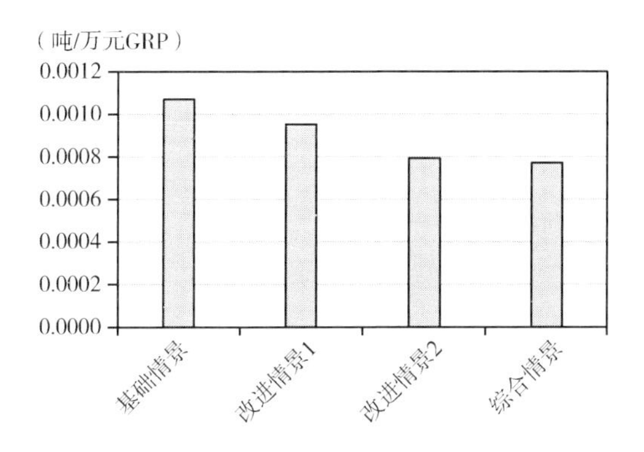

图4-5 模拟期河北省总氮排放强度

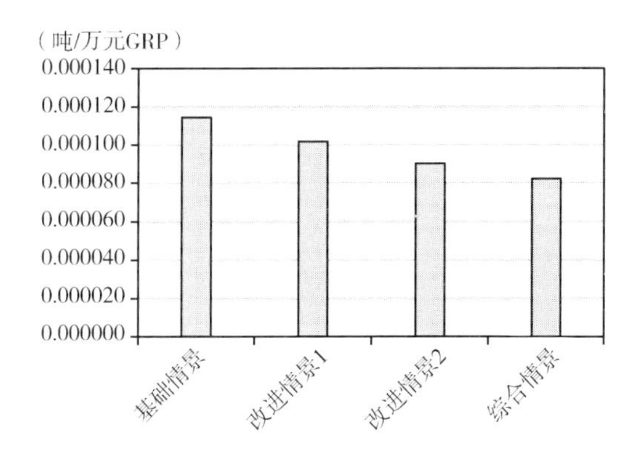

图4-6 模拟期河北省总磷排放强度

基础情景、改进情景1、改进情景2和综合情景中，模拟期COD的排放强度分别为0.003704吨/万元GRP，0.003299吨/万元GRP，0.002915吨/万元GRP和0.002637吨/万元GRP；总氮的排放强度分别为0.001070吨/万元GRP，0.000952吨/万元GRP，0.000792吨/万元GRP和0.000773吨/万元GRP；总磷的排放强度分别为0.000114吨/万元GRP，0.000102吨/万元GRP，0.000090吨/万元GRP和0.000082吨/万元GRP。

从这个模拟结果可以看出，引进节水技术和污水处理技术可以有效促进经济增长和环境保护，降低单位产值的水污染物质排放。但是，由于在各种情景中引入的技术和政策组合不同，环境改善效率也不同。

改善情景1中，COD、总氮和总磷的排放强度分别比基础情景减少10.95%；改进情景2中，COD、总氮和总磷的排放强度分别比基础情景减少

21.31%、25.93%和20.94%；综合情景中，COD、总氮和总磷的排放强度分别比基础情景减少28.45%、27.74%和28%。这说明，节水技术改善水环境方面的作用有限，污水处理技术可以有效去除水污染物质，改善水环境，如果同时使用节水技术和污水处理技术可以大大提高水环境改善效率。

4.2.3 河北省水资源利用效率分析

模拟期各个情景中水资源利用情况见图4－7。基础情景中水资源利用总量最低，为3138亿立方米。伴随着经济增长，改进情景1、改进情景2和综合情景的水资源总量都高于基础情景，分别为3202亿立方米、3858亿立方米和3926亿立方米。

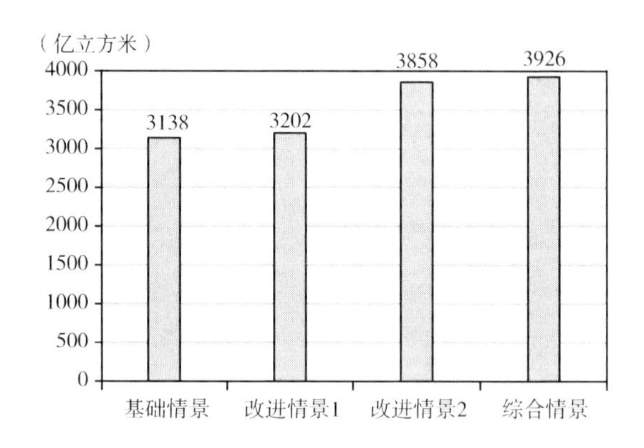

图4－7 模拟期河北省水资源利用总量

模型中我们根据河北省节水规划，设定每年用水总量不超过220亿立方米。在用水总量的限制下，引入各项节水技术和污水处理技术，寻求用水效率最高的政策组合。从这个模拟结果中我们发现，农业节水和家庭节水技术在提高水资源利用效率方面优于污水处理技术。比较基础情景和改进情景1可以看出，在用水总量小幅增长2.04%的情况下，引进了节水技术后GRP总量增加12.31%。改进情景2中引入了水污水处理技术，虽然经济总量有所增加，但是用水总量也随着经济增长而增加，这表明虽然污水处理可以增加再生水资源供给，但是其提高水资源利用效率方面的贡献小于节水技术。综合情景中，同时引入了节水技术和污水处理技术，在经济大幅度增长的同时，水资源量没有明显增加，说明节水技术和污水处理技术在提高资源利用效率和环境保护方面起到了较好的作用。

模拟期水资源利用强度如图4-8所示。基础情景、改进情景1、改进情景2和综合情景中，模拟期河北省水资源利用强度分别为53.52立方米/万元GRP，48.63立方米/万元GRP，52.51立方米/万元GRP和49.46立方米/万元GRP。2012~2030年河北省水资源利用强度变化趋势如图4-9所示，河北省2012~2030年的用水强度呈递减趋势。到2030年，基础情景、改进情景1、

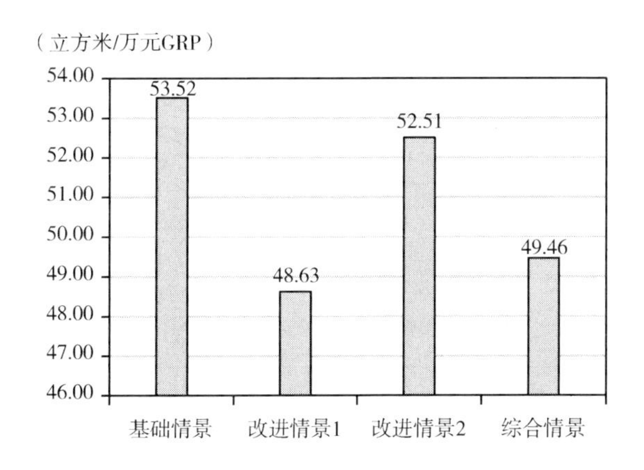

图4-8　模拟期河北省水资源利用强度

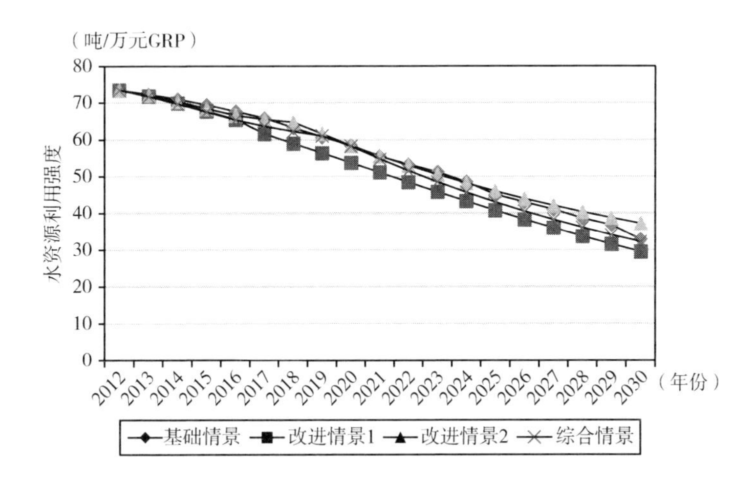

图4-9　2012~2030年河北省水资源利用强度变化趋势

改进情景 2 和综合情景中用水强度分别为 33 立方米/万元 GRP、30 立方米/ 万元 GRP、37 立方米/万元 GRP 和 32 立方米/万元 GRP。从这两个模拟结果可以看出，改进情景 1 引入节水技术后水资源利用效率高于改进情景 2 和综合情景。

4.2.4 最优情景选择

为了实现河北省社会经济、水资源和水环境可持续发展，我们需要选择一个最优的情景作为政策提案的依据。在本书中，我们从社会经济模型、水资源平衡模型和水污染物质排放模型中选取了 7 个评价指标，综合评价各种情景中的政策效果，并通过比较各个指标的模拟实验结果选出最优情景。指标设置和各个指标的模拟结果如表 4 – 2 所示，经济指标选取模拟期 GRP 总量和模拟期年平均经济增速；环境指标选取模拟期 COD、总氮和总磷的排放强度；资源指标选取水资源利用总量和利用强度。

表 4 – 2　　最优情景选择评价指标

指标	指标描述	基础情景	改进情景 1	改进情景 2	综合情景
经济指标	GRP 总量（万亿元）	58.63	65.85	73.47	79.36
	年均经济增速（%）	2.29	3.65	4.54	5.38
环境指标	COD 排放强度（吨/万元 GRP）	0.003704	0.003299	0.002915	0.002637
	总氮排放强度（吨/万元 GRP）	0.001070	0.000952	0.000792	0.000773
	总磷排放强度（吨/万元 GRP）	0.000114	0.000102	0.000090	0.000082
资源指标	水资源利用总量（亿立方米）	3138	3202	3858	3926
	水资源利用强度（立方米/万元 GRP）	53.52	48.63	52.51	49.46

根据模拟实验结果，我们发现综合情景中，通过同时引入补贴产业结构

调整、补贴引入家庭节水技术、补贴引入农业节水技术和补贴引入污水处理技术的政策组合，各项指标均优于其他情景，所以我们选取综合情景作为实现河北省社会经济、水资源和水环境可持续发展的最优情景。下面我们将通过分析最优情景中河北省的社会经济、水环境和水资源的发展情况、各区域的技术选择、技术投资、财政补贴等模拟结果，提出河北省实现社会经济、水资源和水环境可持续发展的最优政策提案。

4.3 最优情景下社会经济、水资源和水环境综合分析

4.3.1 最优情景下经济增长分析

1. 经济总量和经济发展趋势

2012～2030年河北省地区生产总值变化情况如图4-10所示。从这个模拟结果可以看出，河北省地区生产总值逐年增加，特别是在2017年以后随着综合的水环境改善和水资源利用政策的实施，经济增速逐年上涨。2012年地区生产总值为2.66万亿元，到2030年可以增加到6.82万亿元，模拟期的年均经济增长率为5.38%。

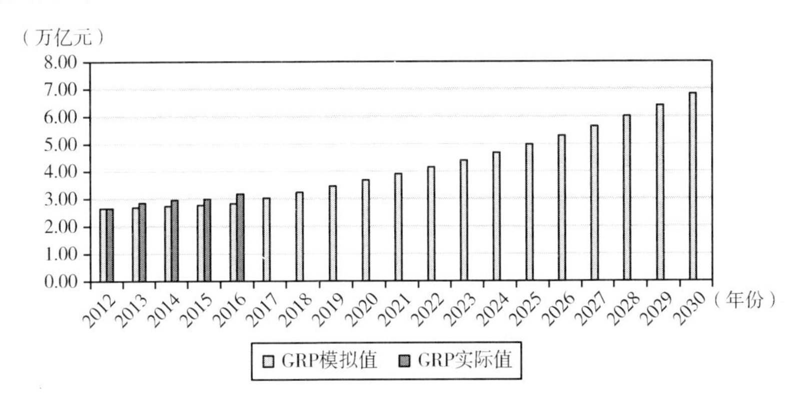

图4-10 河北省2012～2030年GRP变化情况

同时，需要注意的是河北省 2013 ~2016 年的实际发生 GRP 略高于模拟值。这是因为模型中 GRP 是以 2012 年为基期计算各年的实际 GRP，剔除了价格变化因素，而 2013 ~2016 年 GRP 实际发生值是按照上一年价格计算的 GRP。如果剔除价格因素，模拟值与实际发生值结果更加接近。

2. 三次产业产值及结构变化趋势

图 4 -11 是河北省 2012 ~2030 年三次产业结构变化趋势图。图 4 -12 是河北省 2012 ~2030 年三次产业产值变化情况图。从图 4 -11 可以看出，随着社会经济的发展、水资源高效利用和水环境保护，河北省三次产业结构逐年优化，2012 ~2030 年第一产业和第二产业产值比例逐渐减少，第三产业产值比例逐渐增加。2012 年三次产业产值比例为 12∶53∶35，到 2030 年这一比例变化为 4∶49∶47。

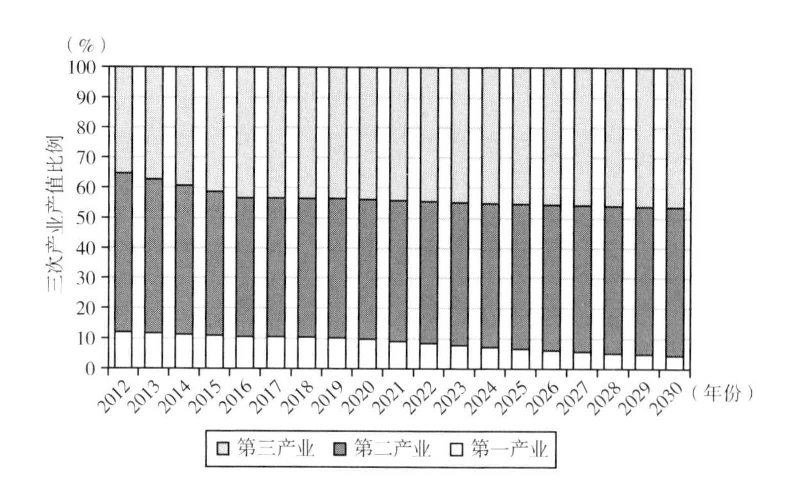

图 4 -11　河北省三次产业产值比例变化情况

河北省 2012 ~2030 年各产业产值变化情况如图 4 -12 所示。从产业内部各部门的发展情况来看，第一产业中的农、林、牧、渔四个部门产值都是逐年下降的，原因是第一产业用水系数和水污染物质排放系数都较高，水资源利用总量、水资源利用强度和水污染物质排放总量、水污染物质排放强度都高于其他部门，所以在资源利用和环境保护的约束下，这四个部门的经济发展都受到了限制，2012年第一产业产值为3187亿元，到2030年减少到2948亿元，年均下降0.43%。

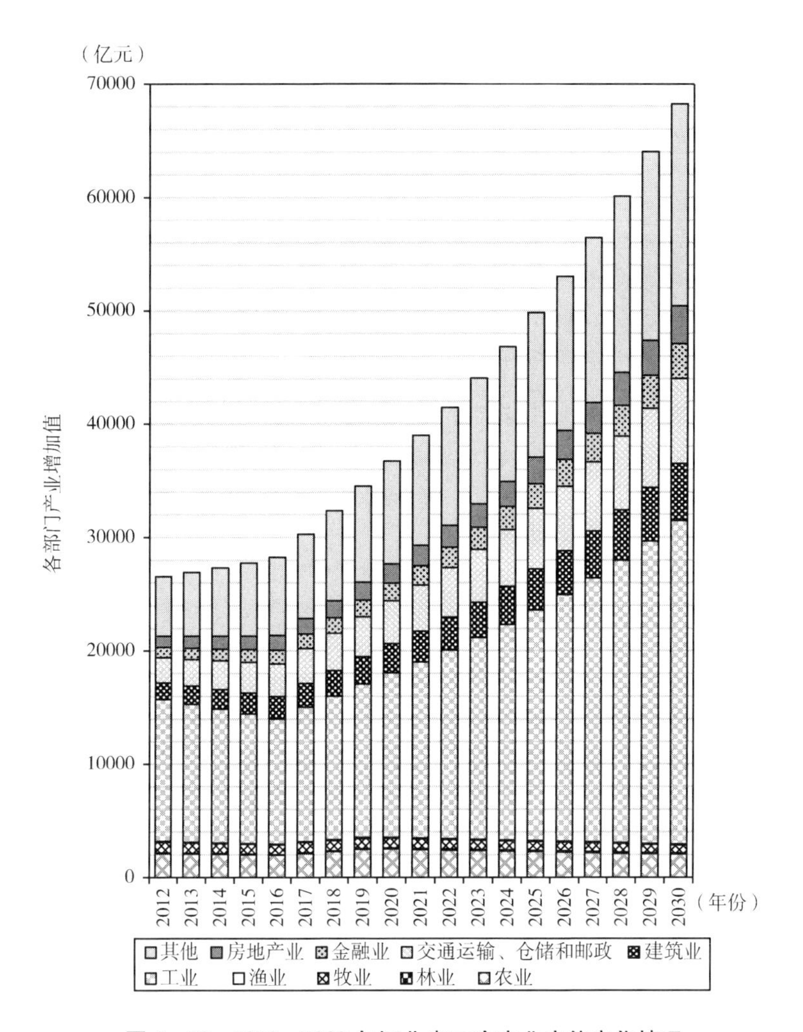

图4－12　2012～2030年河北省三次产业产值变化情况

第二产业内部的工业和建筑业产值都逐年增加。在资源和环境承载力的约束下，随着各项技术投资的逐年增加，水资源利用效率和水环境保护能力有了较大幅度的提高，工业生产有了更大的污染排放空间，到2030年工业产值达到33573亿元，年均增长4.98%。

第三产业内部的金融、交通运输、房地产业等部门由于用水系数小，水污染物质排放强度低等原因，所以在资源利用和环境保护的约束下都得到了较好的发展，第三产业内部各部门产值都是逐年增加的，2012 年第三产业产值为 9385 亿元，到 2030 年达到 31720 亿元，年均增长 7.65%。

4.3.2 最优情景下水资源供求分析

1. 水资源供给结构变化趋势

2012～2030 年河北省水资源总量和结构变化趋势分别如图 4－13 和表 4－3 所示。根据模型设定 2015～2030 年河北省水资源总量不超过 220 亿立方米/年。其中，地表水取多年平均量，每年均为 41 亿立方米；调入水逐年增加，到 2030 年达到 34 亿立方米；再生水资源量由政府投资补贴决定，到 2030 年可以达到 33 亿立方米，是 2012 年的 11 倍；地下水资源量大幅度减少，从 2012 年的 151 亿立方米减少到 2030 年的 112 亿立方米，减少了 26%。

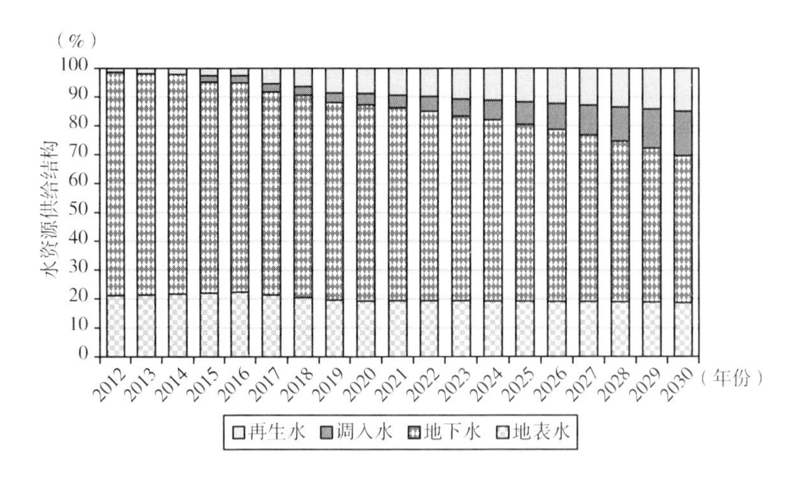

图 4－13　2012～2030 年河北省水资源结构变化情况

表 4－3　2012～2030 年河北省水资源量　单位：亿立方米

年份	地表水	地下水	调入水	再生水	水资源总量
2012	41.28	151.24	0.00	2.81	195.33
2013	41.28	148.26	0.00	3.59	193.13
2014	41.28	145.30	0.00	3.96	190.54
2015	41.28	137.36	4.00	4.90	187.54
2016	41.28	133.90	4.61	4.90	184.69
2017	41.28	135.39	5.32	10.65	192.64
2018	41.28	140.88	6.14	12.98	201.28
2019	41.28	144.03	7.08	18.29	210.67
2020	41.28	145.34	8.16	19.20	213.98
2021	41.28	142.89	9.42	20.16	213.75
2022	41.28	140.44	10.86	21.19	213.77
2023	41.28	136.97	12.52	22.96	213.73
2024	41.28	134.16	14.44	24.07	213.95
2025	41.28	131.16	16.66	25.35	214.45
2026	41.28	127.89	19.21	26.61	215.00
2027	41.28	124.50	22.16	27.89	215.83
2028	41.28	120.73	25.56	29.38	216.96
2029	41.28	116.51	29.48	31.14	218.41
2030	41.28	111.89	34.00	32.83	220.00

2012～2030 年水资源结构逐步优化。2015 年地表水、地下水、调入水和再生水占水资源总量的比例分别为 18.76%、77.19%、1.82%和 2.23%，到 2030 年四种水资源占水资源总量比例分别为 18.76%、50.86%、15.45%和 14.92%。由于调入水和再生水资源量大幅提高，地表水和调入水占水资源总量比例逐年增加，地下水占水资源总量比例逐年下降，地下水资源过度开发情况得到缓解。

2. 水资源利用强度变化趋势

图4－14是2012～2030年河北省水资源利用强度变化趋势。从这个模拟结果可以看出，河北省2012～2030年水资源利用强度逐渐降低，水资源利用效率逐年提高。2012年水资源利用强度为74立方米/万元GRP，到2030年减少到32立方米/万元GRP，减少约57%，用水效率大幅提高。同时也证明水资源利用和水环境改善综合政策组合能够有效促进经济发展。

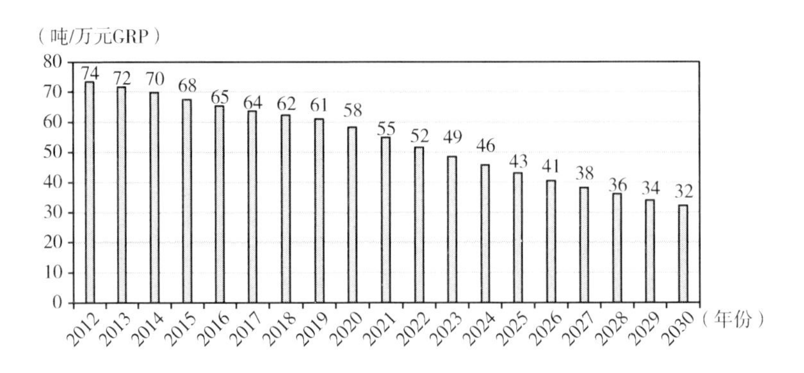

图4－14　2012～2030年河北省水资源利用强度变化趋势

3. 水资源需求结构变化趋势

2012～2030年河北省水资源需求总量如表4－4所示，水资源需求结构如图4－15所示。河北省2012～2030年用水总量逐年增加。2012年用水总量为195亿立方米，到2030年增加为220亿立方米，增加了12.82%，达到河北省节水规划的上限。

表4－4　河北省2012～2030年水资源需求总量　单位：亿立方米

年份	农业用水	工业用水	居民生活用水	景观用水	合计
2012	142.94	25.20	23.40	3.79	195.33
2013	140.08	24.75	23.65	4.65	193.13
2014	137.28	24.28	23.91	5.06	190.54
2015	134.53	23.82	24.18	5.00	187.54

续表

年份	农业用水	工业用水	居民生活用水	景观用水	合计
2016	131.84	23.35	24.46	5.04	184.69
2017	142.39	24.99	23.51	5.07	195.96
2018	148.98	26.74	23.80	5.11	204.62
2019	156.18	28.61	21.67	5.14	211.60
2020	157.16	30.61	21.02	5.18	213.98
2021	154.45	32.76	21.32	5.21	213.75
2022	151.83	35.05	21.64	5.25	213.77
2023	148.98	37.50	21.96	5.29	213.73
2024	146.20	40.13	22.30	5.32	213.95
2025	143.49	42.94	22.66	5.36	214.45
2026	140.62	45.94	23.03	5.40	215.00
2027	137.81	49.16	23.42	5.44	215.83
2028	135.05	52.60	23.83	5.47	216.96
2029	132.35	56.28	24.26	5.51	218.41
2030	129.71	60.22	24.71	5.55	220.19

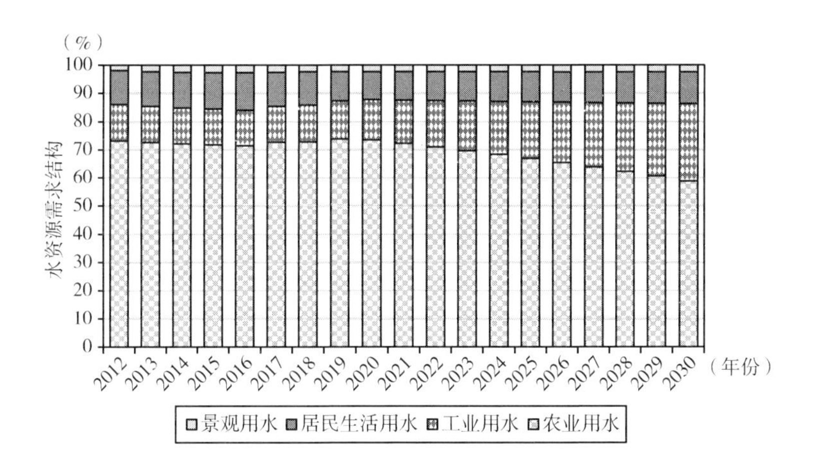

图 4-15　河北省 2012～2030 年用水结构变化情况

从水资源需求结构变化趋势来看，河北省 2012～2030 年用水结构逐年优化。2012～2030年农业用水逐年减少，工业用水、居民生活用水和景观用水小幅上升。2012年，农业用水总量为142.94亿立方米，占用水总量的73%，到2030年下降到129.71亿立方米，占用水总量的58.91%。2012年，工业用水、居民生活用水和景观用水总量分别为25.20亿立方米、23.40亿立方米和3.79亿立方米，到2030年分别增加到60.22亿立方米、24.71亿立方米和5.55亿立方米，占用水总量的比例也分别由2012年的13%、12%和2%变化为2030年的27.35%、11.22%和2.52%。由于采用了家庭节水技术，居民生活用水总量增长幅度较慢，居民生活用水总量增加是由于人口自然增长引起的。

虽然用水结构得到了优化，但是我们需要注意的是农业用水比例仍然超过50%。河北省2012年农业产值占地区生产总值的12%，到2030年可以降到4%，但这一比例仍然高于京、津两地。大力发展绿色农业减少农业污染，提高农业服务业比重是降低农业水资源消耗和水环境污染的有效途径，河北省农业内部各产业部门还有较大的优化空间。

4. 污水排放与处理情况

2012～2030年河北省污水排放和处理情况如表4－5所示。2012～2030年河北省污水排放量和处理量都是逐年增加的。2012年污水排放量为34.25亿立方米，其中工业污水12.26亿立方米，居民生活污水21.99亿立方米。2030年污水排放总量为52.90亿立方米，比2012年增加18.65亿立方米，其中工业污水为27.97亿立方米，居民生活污水24.93亿立方米，分别比2012年增加15.71亿立方米和2.94亿立方米，工业污水排放量增加较快。

表4－5　　2012～2030年河北省污水排放和处理情况　　单位：亿立方米

年份	工业污水（亿立方米）	生活污水（亿立方米）	污水排放总量（亿立方米）	污水处理量（亿立方米）	污水处理率（%）
2012	12.26	21.99	34.25	19.12	55.82
2013	11.92	22.14	34.07	19.12	56.13
2014	11.57	22.30	33.87	19.12	56.45

续表

年份	工业污水（亿立方米）	生活污水（亿立方米）	污水排放总量（亿立方米）	污水处理量（亿立方米）	污水处理率（%）
2015	11.21	22.45	33.67	19.12	56.79
2016	10.85	22.61	33.46	19.12	57.15
2017	11.61	22.77	34.38	24.87	72.36
2018	12.42	22.93	35.35	27.20	76.96
2019	13.29	23.09	36.38	32.51	89.36
2020	14.22	23.25	37.47	33.42	89.19
2021	15.21	23.41	38.63	34.38	89.02
2022	16.28	23.58	39.86	35.41	88.85
2023	17.42	23.74	41.16	37.18	90.33
2024	18.64	23.91	42.54	38.29	90.00
2025	19.94	24.08	44.02	39.58	89.91
2026	21.34	24.25	45.58	40.83	89.57
2027	22.83	24.42	47.24	42.11	89.13
2028	24.43	24.59	49.01	43.61	88.97
2029	26.14	24.76	50.90	45.36	89.12
2030	27.97	24.93	52.90	47.05	88.94

2012 年河北省污水处理量为 19.12 亿立方米，污水处理率为 55.82%。2017 年以后新建污水处理厂开始投资，污水处理量逐年增加，到 2030 年达到 47.05 亿立方米，污水处理率也从 2019 年以后增加到 88% 以上。

5. 再生水利用情况

再生水是指污水经适当处理后，达到一定的水质指标，满足某种使用要求的水，本书中我们将再生水产量定义为污水处理量。原有污水处理厂多使用传统污水处理技术，出水水质不高，制约了再生水的利用，新建污水处理厂采用先进污水处理技术，出水水质较高，我们设定新建污水处理厂生产的再生水全部可以被利用。

2012～2030年再生水产量和利用量如表4－6所示。这个模拟结果预测，2012～2030年河北省再生水产量和利用量都逐年增加的，再生水利用率也逐年增加。2012年再生水产量为19亿立方米，再生水利用量只有3亿立方米，再生水利用率为14.70%。到2030年再生水产量可以达到47亿立方米，利用量达到33亿立方米，再生水利用率上升到69.77%。各区域再生水利用情况见附录8～附录18。

表4－6　　2012～2030年河北省再生水利用情况

年份	再生水生产量（亿立方米）	再生水利用量（亿立方米）	再生水利用率（%）
2012	19	3	14.70
2013	19	4	18.77
2014	19	4	20.71
2015	19	5	25.63
2016	19	5	25.63
2017	25	11	42.83
2018	27	13	47.72
2019	33	18	56.25
2020	33	19	57.44
2021	34	20	58.64
2022	35	21	59.84
2023	37	23	61.75
2024	38	24	62.86
2025	40	25	64.07
2026	41	27	65.17
2027	42	28	66.23
2028	44	29	67.39
2029	45	31	68.65
2030	47	33	69.77

4.3.3 最优情景下水环境改善分析

1. 水污染物质总量变化趋势

2012～2030年河北省各种水污染物质排放量如表4-7所示。从这个模拟结果可以看出，在引入了污水处理技术后，水污染物质被大量去除。从2012年到2030年COD、总氮和总磷的排放量都是逐年递减的。2012年COD、总氮、总磷的排放量分别是134.11万吨、36.07万吨和3.86万吨。到2030年COD、总氮、总磷的排放量分别下降到84.36万吨、25.76万吨和3.12万吨，下降比例分别为37%、26%和19%。水环境得到改善。同时我们也发现，虽然水污染物质都是下降的，但是由于污水处理技术对各种污染物质的去除率不同，所以水污染物质下降的速度不同，总磷下降速度最慢。

表4-7　**2012～2030年河北省水污染物质排放情况**　单位：万吨

年份	COD	总氮	总磷
2012	134.11	36.07	3.86
2013	131.91	35.75	3.82
2014	129.72	35.43	3.79
2015	127.56	35.11	3.76
2016	125.42	34.79	3.72
2017	110.88	30.08	3.39
2018	110.76	29.49	3.37
2019	114.61	29.83	3.44
2020	114.42	29.61	3.45
2021	111.80	29.05	3.43
2022	109.19	28.48	3.41
2023	109.26	28.78	3.44
2024	103.60	27.70	3.35
2025	100.60	27.45	3.31

续表

年份	COD	总氮	总磷
2026	97.58	26.80	3.28
2027	98.25	27.26	3.33
2028	91.09	26.27	3.20
2029	87.76	26.02	3.16
2030	84.36	25.76	3.12
合计	2092.90	569.71	65.62

2. 水污染物质排放强度变化趋势

河北省2012~2030年各种水污染物质排放强度变化情况如图4-16所示。2012~2030年河北省COD、总氮和总磷的排放强度都是逐年下降的。2012年COD、总氮和总磷的排放强度分别为0.005047吨/万元GRP、0.001357吨/万元GRP和0.000145吨/万元GRP。2030年分别下降到0.001275吨/万元GRP、0.000423吨/万元GRP和0.000046吨/万元GRP，分别比2012年下降74%、69%和68%。

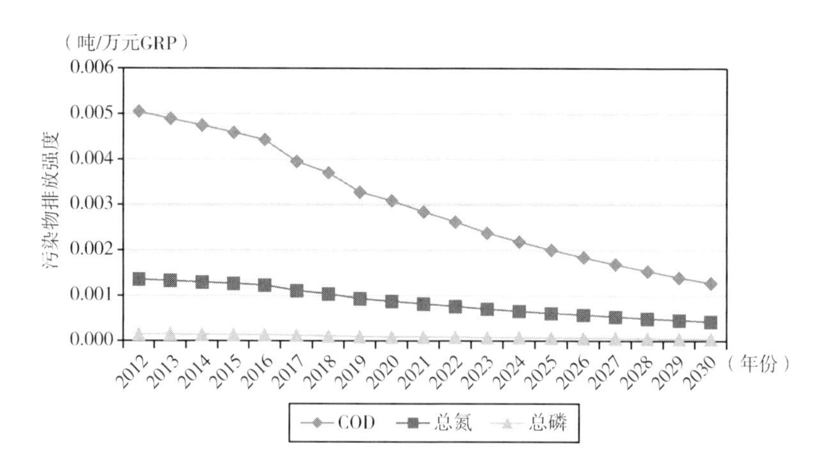

图4-16　河北省水污染物质排放强度变化情况

这个模拟结果说明，由于采用了新污水处理技术，单位产值的水污染物质排放量大幅降低，综合政策组合大大提高了河北省的环境经济效率，在保证经济快速发展的前提下，水环境也得到了净化。

4.4 最优情景下各区域发展情况分析

4.4.1 最优情景下各区域社会经济发展情况分析

图 4－17 是河北省各个区域 2012 年和 2030 年经济发展情况。从这个模拟结果可以看出，到 2030 年河北省各区域经济都得到了较大发展，但是河北省区域经济发展不平衡现象依然存在。2012 年经济总量较高的唐山、石家庄、保定、沧州和邯郸到 2030 年经济总量依然排在前五位。2012 年石家庄、承德、张家口、秦皇岛、唐山、廊坊、保定、沧州、衡水、邢台和邯郸的 GRP 分别为 4479 亿元、1160 亿元、1212 亿元、1118 亿元、5840 亿元、1773 亿元、2699 亿元、2791 亿元、990 亿元、1511 亿元和 3003 亿元，2030 年分别增长到 11504 亿元、2792 亿元、3170 亿元、2956 亿元、16294 亿元、4482 亿元、6626 亿元、6967 亿元、2307 亿元、3769 亿、7374 亿元。2030 年，GRP 排名前五位的唐山、石家庄、保定、沧州和邯郸 GRP 总量分别占河北省 GRP 总量的 23.88%、16.86%、9.71%、10.21%、10.81%。

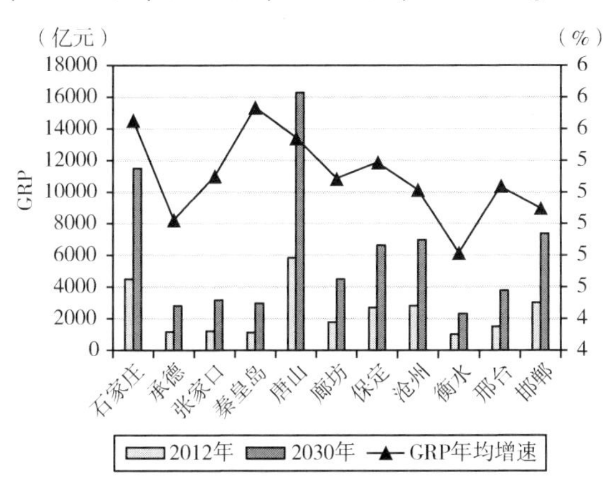

图 4－17　河北省各区域 2012 年和 2030 年 GRP 及年均增速

河北省区域经济发展不平衡还体现在 GRP 年均增速上。从 2012 年到 2030 年 GRP 年均增速最高的区域是秦皇岛，达到 5.74%，增速最低的区域是衡水，年均增速为 4.81%。

4.4.2 最优情景下各区域环境经济效率分析

1. 水污染物质排放总量分析

河北省各区域 2012 年和 2030 年水污染物质排放量分别如图 4－18、图 4－19 和图 4－20 所示。从这几个模拟结果可以看出，河北省水污染物质排放量变化也存在区域差别，不同区域水环境改善情况不同。各个区域 2030 年比 2012 年水污染物质排放量都有所下降，但是下降幅度存在区域差别。2030 年比 2012 年 COD 排放量下降比例最高的前五个区域分别为唐山、廊坊、保定、邢台和邯郸，下降比例分别为 51.14%、42.34%、37.96%、48.27%、39.31%；总氮下降比例最高的前五个地区分别为张家口、唐山、廊坊、邢台和邯郸，下降比例分别为 22.54%、34.64%、23.60%、27.65%、23.97%；总磷下降比例最高的前五个区域分别为唐山、廊坊、衡水、邢台和邯郸，下降比例分别为 30.13%、23.28%、21.21%、25.35%、22.00%。水污染物质排放强度存在区域化差别的原因，一方面是各个区域的社会经济基础不同，

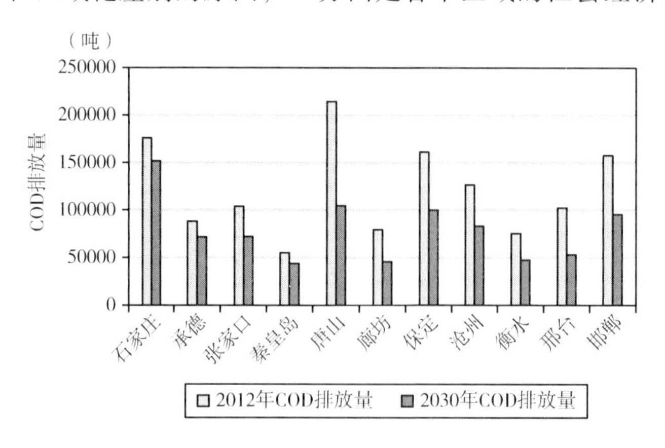

图 4－18　各区域 2012 年和 2030 年 COD 排放量

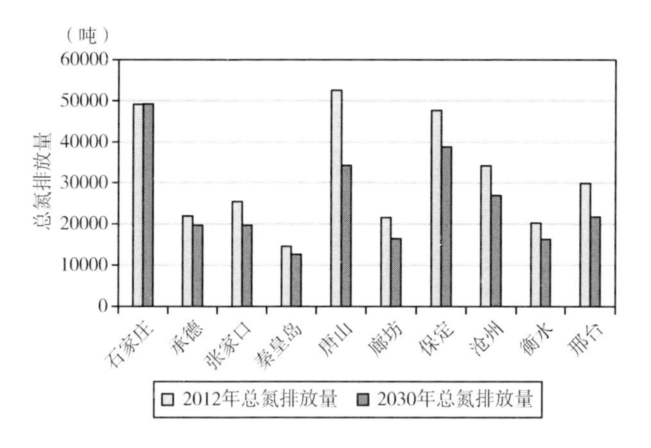

图4-19　各区域2012年和2030年总氮排放量

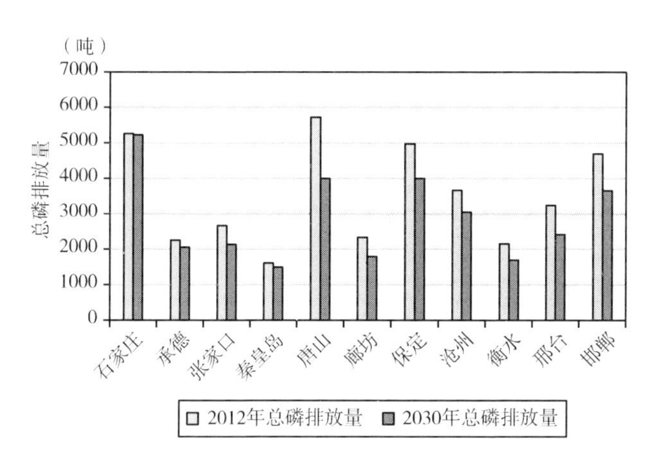

图4-20　各区域2012年和2030年总磷排放量

原有的水污染物质排放源和污水处理设施不同，另一方面是各种污水处理技术的水污染物质去除率不同。

2. 水污染物质排放强度分析

模拟期河北省各区域水污染物质排放强度如图4-21、图4-22和图4-23所示。从这个模拟结果可以看出，石家庄、秦皇岛、唐山、廊坊和沧州五个区域与河北省其他区域相比，环境经济效率较高（根据模拟结果，最优情景下，模拟期河北省COD、总氮、总磷的平均排放强度分别是0.00265吨/

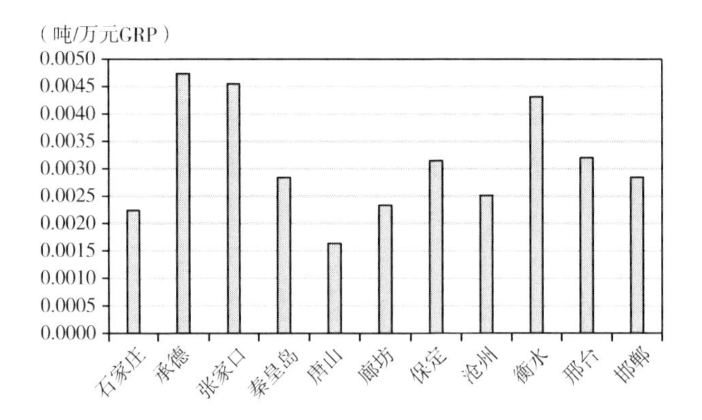

图 4-21　模拟期河北省各区域 COD 排放强度

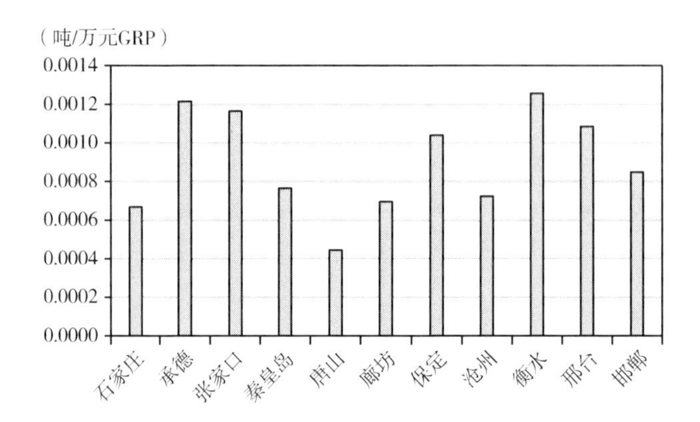

图 4-22　模拟期河北省各区域总氮排放强度

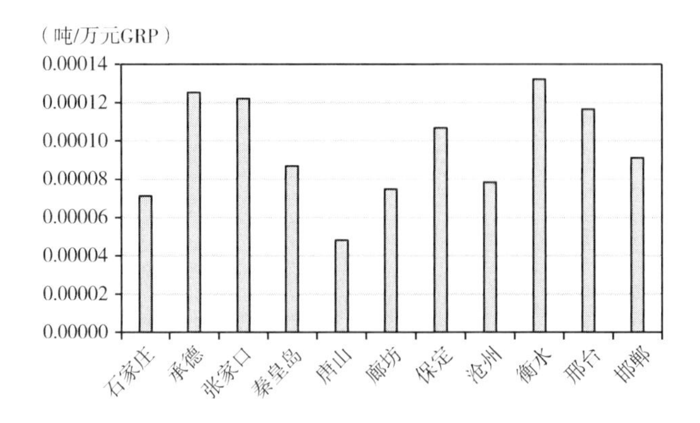

图 4-23　模拟期河北省各区域总磷排放强度

万元GRP，0.000773吨/万元GRP，0.000082吨/万元GRP)，其他六个区域环境经济效率较低。石家庄、秦皇岛、唐山和沧州经济基础较好，经济总量较大，引进新污水处理技术后，环境经济效率进一步提高。廊坊由于投资较多，新建较多污水处理厂，水污染物质去除率高于其他区域，所以环境经济效率也高于河北省平均水平。

4.4.3 最优情景下各区域资源经济效率分析

1. 水资源利用总量

图4－24是河北省各个区域2012～2030年用水总量预测。各区域2012～2030年用水详细情况见附录19～附录29。从模拟结果可以看出，河北省2012～2030年各个区域用水总量都略有增加。到2030年，石家庄、承德、张家口、秦皇岛、唐山、廊坊、保定、沧州、衡水、邢台和邯郸的用水总量分别为31.19亿立方米、11.03亿立方米、12.27亿立方米、8.83亿立方米、42.92亿立方米、13.14亿立方米、25.70亿立方米、21.45亿立方米、11.30亿立方米、15.88亿立方米和26.27亿立方米，分别比2012年增加了11.30%、4.71%、5.82%、2.91%、30.26%、8.94%、9.75%、10.10%、4.89%、8.99%和12.63%。由于人口基数大，经济发展迅速，石家庄、唐山两地增幅较大。

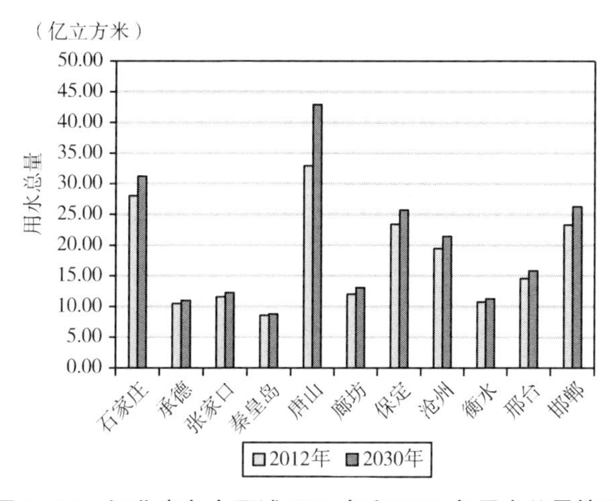

图4－24 河北省各个区域2012年和2030年用水总量情况

图4－25和图4－26分别是河北省2012年和2030年各区域用水占河北省用水总量的比例。2012年石家庄、承德、张家口、秦皇岛、唐山、廊坊、保定、沧州、衡水、邢台和邯郸用水量占河北用水总量分别为14.35%、5.39%、5.94%、4.39%、16.87%、6.18%、11.99%、9.97%、5.52%、7.46%和11.94%。由于经济发展，用水总量增加速度较快，唐山到2030年比2012年增加了22.64个百分点。其他十个区域用水总量占河北省用水总量比例都略有下降。在水资源总量控制的约束下，水务管理部门应重点关注唐山、石家庄和邯郸的用水总量。

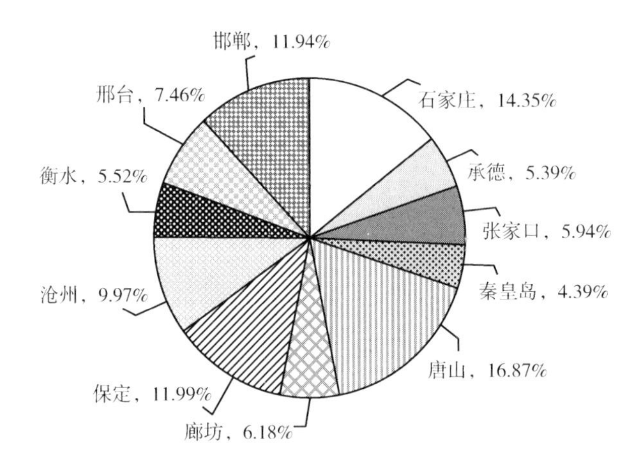

图4－25　河北省各区域2012年用水比例

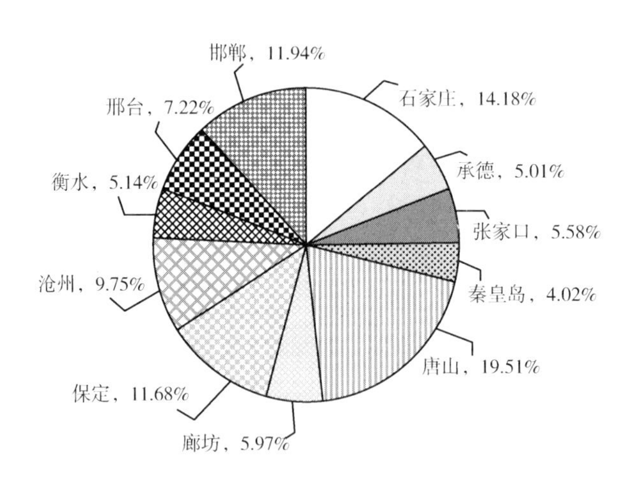

图4－26　河北省各区域2030年用水比例

2. 水资源利用强度

图4－27是河北省各区域模拟期用水强度。模拟期石家庄、唐山、廊坊、沧州用水强度低于河北省平均用水强度（49.46立方米/万元GRP），承德、张家口、秦皇岛、保定、衡水、邢台和邯郸都高于河北省平均用水强度。这个模拟结果说明石家庄、唐山、廊坊、沧州的水资源经济效率较高。特别是石家庄和唐山两个区域，虽然其用水量占河北省总量较高，但是经济发展较好，经济增速较快，单位GRP的水资源消耗较小。

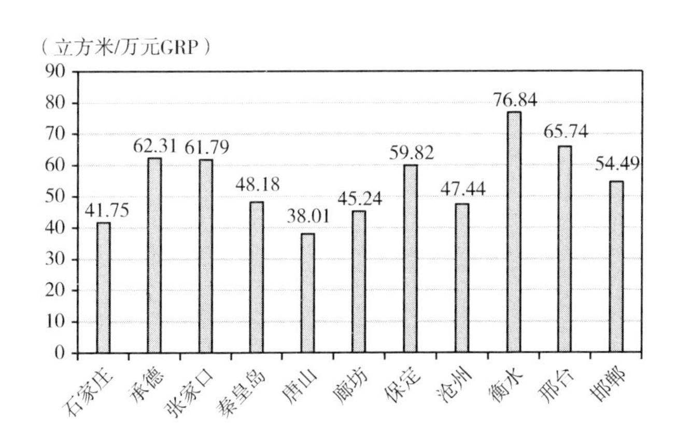

图4－27　模拟期各区域用水强度

4.5 本章小结

本章通过比较分析不同情景下河北省社会经济、资源、环境7个指标，选取了实现河北省社会经济、水资源和水环境可持续发展的最优情景。

在最优情景中，河北省经济总量逐年增长，经济结构进一步优化，到2030年河北省经济总量为5.83万亿，从2012年到2030年，经济平均增长率为5.38%，2030年三次产业比例可达4：49：47。

环境经济效益逐步提高，水污染物质排放量逐年减少。2030年比2012年

COD 减少 37%，总氮减少 29%，总磷减少 19%。

水资源供需结构优化，水资源消耗强度降低。2030 年地表水、地下水、调入水和再生水占水资源总量的比例分别为 18.76%、50.86%、15.45% 和 14.92%，地下水占水资源总量比例逐年下降，地下水资源过度开发情况得到缓解；农业用水比例逐渐减少，生活用水和景观用水比例逐渐增加；2030 年水资源消耗强度减少到 32 立方米/万元 GRP，比 2012 年减少 57%。

河北省内各区域社会经济、资源和环境可持续发展能力不平衡。秦皇岛、唐山、石家庄、保定和张家口经济增速较快；石家庄、唐山、廊坊、沧州和秦皇岛经济效率较高；石家庄、唐山、廊坊、沧州的资源经济效率高于全省平均水平；在水资源总量控制约束下，水务管理部门应重点关注用水较多的唐山、石家庄和邯郸三个区域。

第 5 章
河北省社会经济发展、水资源和水环境可持续发展建议

本书构建了河北省社会经济发展、水资源和水环境可持续发展综合评价模型，并以 2012 年为基期进行了模拟实验，模拟期为 2012 ~ 2030 年，共 19 年。研究表明，产业结构调整政策、家用节水技术、农业灌溉技术和引进新污水处理技术建设新污水处理厂的综合政策组合可以较好地节约水资源和改善水环境，同时提高资源经济效率和环境经济效率。根据模拟实验结果，我们为河北省实现社会经济、水资源和水环境可持续发展提出以下建议。

5.1 经济发展建议

5.1.1 控制经济增长速度

在水资源和水环境承载力双重约束下实现社会经济可持续发展，河北省 2012 ~ 2030 年的年均经济增速应不超过 5.38%。2030 年经济总量不超过 6.82 万亿元（以 2012 年为不变价格计算）。

5.1.2 优化产业结构

第一产业产值稳定增长，大力发展绿色农业和农业服务业，减少农业用水和水污染物质排放。工业要适当限制发展石油和天然气开采、金属矿采选、非金属矿和其他矿采选、造纸业、化学工业、煤炭采选等用水强度较高、水资源利用效率较低的部门发展。大力发展第三产业，逐步提高第三产业部门产值比例。根据河北省2012年的产业发展基础，到2030年河北省三次产业产值比例可以优化为4：49：47。

5.2 水资源利用建议

5.2.1 增加水资源供给总量，优化供水结构

保持地表水供给量、增加再生水和南水北调水供给量，逐步减少地下水开采。投资新建污水处理厂，引入先进污水处理设备提高出水水质，增加再生水资源总量，同时加快再生水利用配套设施建设，提高再生水利用率和利用总量。加快南水北调工程配套管网等基层设施建设，争取到2030年达到能够利用一期工程分配水量上限能力。到2030年，地表水、地下水、调入水和再生水资源量分别为41亿立方米、112亿立方米、34亿立方米和33亿立方米，分别占河北省水资源总量的18.76%、50.86%、15.45%和14.92%。地下水超采情况将得到较好的缓解。

5.2.2 控制水资源需求总量，优化用水结构

河北省每年水资源需求总量控制在220亿立方米。农业用水逐年减少，工业用水、居民生活用水和景观用水小幅上升。2030年，农业、工业、居民

和景观用水分别控制在129.71亿立方米、60.22亿立方米、24.71亿立方米和5.55亿立方米，分别占河北省用水总量的58.91%、27.35%、11.22%和2.52%。

5.3 水环境改善建议

5.3.1 控制水污染物质排放总量

河北省应采取水污染物质总量控制政策，逐年降低水污染物质排放总量。2030年河北省COD、总氮和总磷排放量可分别控制在87.01万吨、28.88万吨和3.15万吨，比2012年的COD、总氮和总磷分别减少37%，26%和19%。

5.3.2 提高水环境经济效率

通过产业结构调整和新建污水处理厂等措施降低水污染物质排放总量。优先发展水污染物质排放强度较低的第三产业，限制发展水污染物质排放较高的第一产业。新建污水处理厂可以在实现总量控制的前提下给产业生产更多的排放空间，在实现环境保护目标的前提下更好地发展经济。在现有的资源禀赋、财政投资规模和产业发展基础上，到2030年河北省COD、总氮和总磷排放强度分别可以下降到0.001275吨/万元GRP、0.000432吨/万元GRP和0.000046吨/万元GRP，比2012年分别下降75%、69%和68%。

5.4 技术选择

为实现社会经济、水资源和水环境可持续发展，河北省需投资各项水环境改善和水资源利用技术。新建污水处理厂和农业节水技术应用面积及补贴购买家用节水水龙头个数如表 5－1 所示。2012～2030 年河北省应投资新建污水处理厂 161 座，其中利用 MBR 技术新建的污水处理厂共 73 座，利用 UMUR 技术新建的污水处理厂 39 座，利用 EMBR 技术新建的污水处理厂 49 座；投资利用农业节水技术的耕地面积为 58919 公顷，其中利用喷灌技术的耕地面积为 29970 公顷，利用滴灌技术的耕地面积为 28949 公顷；投资购买节水水龙头 4553 万个，其中投资购买陶瓷阀芯水龙头 3592 万个，购买铜制水龙头 961 万个。各区域建厂及节水技术应用情况见附录 30～附录 40。

表 5－1　　河北省 2012～2030 年污水处理厂和节水技术规划

年份	新建污水处理厂（个）				农业灌溉节水技术面积（公顷）		家用节水水龙头个数（万）	
	MBR	DMBR	UMBR	EMBR	喷灌技术	滴灌技术	陶瓷阀芯水龙头	铜制水龙头
2017	8	0	0	1	0	0	3374	832
2018	7	0	0	0	0	0	33	1
2019	11	0	0	1	0	0	36	0
2020	5	0	2	5	0	0	0	18
2021	7	0	0	3	0	0	0	18
2022	6	0	0	4	0	0	36	0
2023	4	0	0	6	0	0	0	18
2024	4	0	0	5	0	0	4	16
2025	5	0	1	5	0	0	8	14
2026	3	0	4	5	0	0	0	19
2027	5	0	1	6	0	0	0	19
2028	4	0	7	4	0	0	38	0
2029	3	0	10	4	0	0	38	0
2030	1	0	15	1	29970	28949	25	7
合计	73	0	39	49	29970	28949	3592	961

5.5 财政投资

2017~2030河北省财政补贴计划如表5-2和表5-3所示。河北省2017~2030年补贴各项污水处理政策和节水政策，共572.26亿元，其中补贴新建污水处理厂468.49亿元，占财政补贴的81.72%，补贴节水技术104.77亿元，占财政补贴的18.28%。在污水处理厂的财政补贴中，有94.44亿元是建设新厂的投资，374.05亿元是新建污水处理厂的运行成本。节水技术的财政补贴中有4.09亿元补贴农业节水技术，占总投资的1%，100.68亿元补贴生活节水技术，占总补贴的17%。模拟期石家庄、承德、张家口、秦皇岛、唐山、廊坊、保定、沧州、衡水、邢台、邯郸的财政补贴总额分别为55.61亿元、20.33亿元、30.56亿元、16.97亿元、164.57亿元、41.57亿元、75.44亿元、51.88亿元、22.33亿元、51.72亿元和70.54亿元。

表5-2　河北省2017~2030年污水补贴新建污水处理厂及技术选择规划

年份	新建污水处理厂投资（亿元）				新建污水处理厂运行成本（亿元）				合计（亿元）
	MBR	DMBR	UMBR	EMBR	MBR	DMBR	UMBR	EMBR	
2017	15.76	0.00	0.00	0.27	8.51	0.00	0.00	0.00	24.54
2018	6.47	0.00	0.00	0.00	12.00	0.00	0.00	0.00	18.48
2019	14.33	0.00	0.00	0.48	19.74	0.00	0.00	0.00	34.55
2020	0.85	0.00	0.74	1.62	20.20	0.00	0.31	0.31	24.05
2021	2.27	0.00	0.00	0.50	21.43	0.00	0.31	0.31	24.82
2022	2.11	0.00	0.00	0.89	22.57	0.00	0.31	0.31	26.20
2023	3.55	0.00	0.00	1.64	24.48	0.00	0.31	0.31	30.30
2024	1.85	0.00	0.00	1.48	25.48	0.00	0.31	0.31	29.44
2025	1.37	0.00	0.60	2.33	26.22	0.00	0.57	0.57	31.65
2026	1.16	0.00	2.81	1.32	26.84	0.00	1.76	1.76	35.64
2027	1.50	0.00	0.37	2.27	27.65	0.00	1.92	1.92	35.63
2028	0.79	0.00	4.30	1.78	28.08	0.00	3.74	3.74	42.44

续表

年份	新建污水处理厂投资（亿元）				新建污水处理厂运行成本（亿元）				合计（亿元）
	MBR	DMBR	UMBR	EMBR	MBR	DMBR	UMBR	EMBR	
2029	0.82	0.00	6.81	1.30	28.52	0.00	6.63	6.63	50.71
2030	0.19	0.00	9.49	0.42	28.63	0.00	10.66	10.66	60.05
合计	53.02	0.00	25.12	16.31	320.35	0.00	26.85	26.85	468.49

表5-3　河北省2017~2030年补贴节水技术投资规划

年份	农业节水技术投资（亿元）		农业节水技术运行成本（亿元）		生活节水技术投资（亿元）		合计（亿元）
	喷灌技术	滴灌技术	喷灌技术	滴灌技术	陶瓷阀芯水龙头	铜制水龙头	
2017	0.00	0.00	0.00	0.00	67.47	24.95	92.42
2018	0.00	0.00	0.00	0.00	0.66	0.03	0.69
2019	0.00	0.00	0.00	0.00	0.71	0.00	0.71
2020	0.00	0.00	0.00	0.00	0.00	0.54	0.54
2021	0.00	0.00	0.00	0.00	0.00	0.54	0.54
2022	0.00	0.00	0.00	0.00	0.73	0.00	0.73
2023	0.00	0.00	0.00	0.00	0.00	0.55	0.55
2024	0.00	0.00	0.00	0.00	0.09	0.48	0.57
2025	0.00	0.00	0.00	0.00	0.16	0.43	0.60
2026	0.00	0.00	0.00	0.00	0.00	0.56	0.56
2027	0.00	0.00	0.00	0.00	0.00	0.56	0.56
2028	0.00	0.00	0.00	0.00	0.76	0.00	0.76
2029	0.00	0.00	0.00	0.00	0.76	0.00	0.76
2030	1.58	2.41	0.05	0.05	0.51	0.20	4.79
合计	1.58	2.41	0.05	0.05	71.85	28.84	104.77

5.6 本章小结

产业结构调整政策、家用节水技术、农业灌溉技术和引进新污水处理技术建设新污水处理厂的综合政策组合可以较好地节约水资源和改善水环境，同时实现资源经济效率和环境经济效率。为保证模拟实验中预测的各项社会经济、资源和环境指标能够实现，河北省从2017年到2030年需要财政补贴各项污水处理政策和节水政策，共572.26亿元，其中补贴新建污水处理厂468.49亿元，占财政补贴的81.72%，补贴节水技术104.77亿元，占财政补贴的18.28%。

附　录

附录 1　　河北省各产业中间投入系数

产业	种植业	林业	牧业	渔业	工业	建筑	交通运输、仓储和邮政	金融	房地产	其他
种植业	0. 099360	0. 099360	0. 099360	0. 099360	0. 029005	0. 002443	0. 000046	0. 000243	0. 000016	0. 011591
林业	0. 002669	0. 002669	0. 002669	0. 002669	0. 000779	0. 000066	0. 000001	0. 000007	0. 000000	0. 000311
牧业	0. 043007	0. 043007	0. 043007	0. 043007	0. 012554	0. 001057	0. 000020	0. 000105	0. 000007	0. 005017
渔业	0. 003263	0. 003263	0. 003263	0. 003263	0. 000952	0. 000080	0. 000002	0. 000008	0. 000001	0. 000381
工业	0. 224302	0. 224302	0. 224302	0. 224302	0. 626505	0. 628913	0. 284358	0. 115253	0. 022520	0. 164660
建筑	0. 000015	0. 000015	0. 000015	0. 000015	0. 000318	0. 025565	0. 002823	0. 000612	0. 001899	0. 002646
交通运输、仓储和邮政	0. 010228	0. 010228	0. 010228	0. 010228	0. 033663	0. 029772	0. 140027	0. 010991	0. 004324	0. 034672
金融	0. 000970	0. 000970	0. 000970	0. 000970	0. 021563	0. 012219	0. 050019	0. 034758	0. 099510	0. 046009
房地产	0. 000023	0. 000023	0. 000023	0. 000023	0. 000275	0. 000241	0. 001944	0. 047043	0. 021748	0. 014181
其他	0. 019423	0. 019423	0. 019423	0. 019423	0. 026306	0. 031645	0. 062544	0. 260291	0. 067496	0. 116457

附录 2　　**河北省 2012 年各产业部门总产出**　　单位：亿元

序号	产业部门	最终消费	资本形成	净出口	净流入	总产出
1	农	648	285	-59	596	3578
2	林	17	8	-2	16	96
3	牧	281	123	-26	258	1549
4	渔	21	9	-2	20	117
5	工业	3004	2910	564	4567	50408
6	建筑	94	11191	1	-5918	5567
7	交通运输、仓储和邮政	881	56	14	958	4829
8	金融	1164	0	0	-1381	1722
9	房地产	884	233	0	-109	1255
10	其他	4086	429	-3	755	8734

附录 3　　**2012 年河北省各区域各产业总产出**　　单位：亿元

区域	农业	林业	牧业	渔业	工业	建筑业	交通运输，仓储和邮政	金融业	房地产	其他
石家庄	503	14	218	17	7948	922	744	482	218	1839
承德	203	5	88	7	2147	267	136	133	49	575
张家口	226	6	98	7	1696	325	252	81	84	688
秦皇岛	166	4	72	5	1433	266	369	81	87	664
唐山	589	16	255	19	12985	858	1591	238	160	1596
廊坊	218	6	94	7	3239	536	167	45	30	1031
保定	420	11	182	14	4990	883	188	244	187	1003
沧州	354	10	153	12	5308	525	607	160	117	1117
衡水	208	6	90	7	1826	182	125	58	49	534
邢台	265	7	115	9	2985	253	129	44	117	708
邯郸	426	11	185	14	5852	550	522	156	157	1139

附录4 河北省各区域污水处理技术及处理能力 单位：万立方米/日

地区	项目名称	主体处理工艺	投入时间	设计处理能力	平均处理水量
石家庄市	行唐县玉城污水处理厂	BIOLAK	2009年10月	3	1.8
	滹沱河污水处理厂	A/A/O	2010年3月	4.6	2.6
	晋州市城市污水处理厂	A/A/O	2009年6月	3	2.92
	晋州市亚太污水处理有限责任公司	BAF	2003年11月	3	2.9
	井陉县城镇污水处理厂	CASS	2009年7月	2	0.6
	矿区污水处理厂	BIOLAK	2008年11月	2	1.2
	灵寿县污水处理厂	氧化沟	2008年4月	2	1.75
	鹿泉市污水处理厂	BIOLAK	2003年7月	2	1.6
	栾城县污水处理厂	氧化沟	2008年9月	4	3.6
	平山县污水处理厂	氧化沟	2004年7月	3	1
	桥东污水处理厂	A/O	2006年12月	50	42.5
	深泽县污水处理厂	CAST	2008年11月	2	1.53
	石家庄高新技术产业开发区污水处理厂	生物组合池	2003年5月	10	5.6
	石家庄西部上庄污水处理厂	BIOLAK	2009年12月	5	2.56
	无极县污水处理厂	BIOLAK	2007年12月	4	3.2
	辛集市水处理中心	A/O+氧化沟	2003年10月	10	7.7
	赞皇县皇明污水处理厂	CASS	2010年5月	2	0.65
	高邑县凤城污水处理厂	SBR	2009年6月	1	0.71
	正定县污水处理厂	活性污泥	2005年10月	6	4.7
	石家庄桥西污水处理厂	二级生化	1993年9月	20	12.35
	新乐市升美水净化有限公司	接触氧化	2003年12月	4	3.2
	藁城市水处理中心	活性污泥	2008年4月	10	7.3
	石家庄经济技术开发区污水处理厂	CASS	2008年6月	5	5.4
	元氏县槐阳污水处理厂	CASS	2008年8月	4	2.8
	赵县清源污水处理厂	BIOLAK	2008年5月	5	4.4

续表

地区	项目名称	主体处理工艺	投入时间	设计处理能力	平均处理水量
保定市	安国市污水处理厂	氧化沟	2008 年 11 月	3	2.71
	白沟镇污水处理厂	氧化沟	2010 年 4 月	3	1.7
	保定市鲁岗污水处理厂	A/A/O	1996 年 9 月	8	6.2
	保定市溪源污水处理厂	A/O	2007 年 11 月	16	9.34
	博野县大通污水处理厂	A/A/O	2010 年 6 月	1	0.64
	定兴县污水处理厂	BIOLAK	2009 年 12 月	3	1.27
	定州市铁西污水处理厂	CAST	2009 年 10 月	2	0.77
	阜平县恒和污水处理厂	BIOLAK	2009 年 11 月	1	0.71
	高阳县碧水蓝天水务有限公司(原高阳县污水处理厂)	BIOLAK	2008 年 6 月	8	7.56
	河北省涞水城东污水处理厂	UNITANK	2010 年 1 月	1.2	1.04
	涞源县污水处理厂	氧化沟	2008 年 8 月	2.5	1.23
	清苑县污水处理厂（一期）	生物流化床	2006 年 11 月	3	2.3
	曲阳县大通污水处理有限公司(曲阳县污水处理厂)	A/A/O	2009 年 11 月	2	1.38
	顺平县污水处理厂	氧化沟	2010 年 5 月	1	0.98
	唐县污水处理厂	CAST	2009 年 10 月	2	1.36
	望都清源排水有限公司	氧化沟	2010 年 1 月	1.5	1.1
	徐水污水处理厂	氧化沟	2010 年 4 月	3	2.7
	易县钰泉污水处理厂	CASS	2007 年 9 月	2	1.2
	涿州中科国益水务有限公司（西污水处理厂）	CASS	2007 年 4 月	4	1.83
	涿州中科国益水务有限公司（东污水处理厂）	CASS	2008 年 7 月	4	3.67
	安新县污水处理厂	BIOLAK	2008 年 12 月	4	3.65
	容城县生态污水处理厂	BIOLAK	2008 年 11 月	1.2	0.97
	高碑店市污水处理厂	A/A/O	2009 年 4 月	4	2.64
	定州市污水处理厂	CAST	2009 年 8 月	4	3.39
	满城县污水处理厂	UNITANK	2009 年 9 月	4	3.08
	雄县污水处理厂	UNITANK	2009 年 11 月	2	1.42
	蠡县留史镇污水处理厂	CAST	2009 年 11 月	2	1.3
	蠡县污水处理工程	CAST	2009 年 11 月	3	2.26

续表

地区	项目名称	主体处理工艺	投入时间	设计处理能力	平均处理水量
沧州市	泊头市污水处理厂	A/A/O	2009 年 11 月	2	1.24
	沧州临港圣捷污水处理有限公司	氧化沟	2007 年 5 月	2.5	1.23
	沧州市运东污水处理厂	氧化沟	2004 年 11 月	10	6.4
	东光污水处理厂	BIOLAK	2008 年 12 月	3	2.2
	海兴县华德污水处理站	MBR	2009 年 12 月	0.05	0.05
	海兴县污水处理厂	CASS	2010 年 8 月	2	1.46
	河北伊兴清真肉类有限公司生活污水处理站	CASS	2009 年 12 月	0.03	0.03
	河间市污水处理厂	CASS	2010 年 7 月	4	2.88
	黄骅市污水处理厂	SBR	2007 年 12 月	2.5	1.75
	孟村回族自治县污水处理厂	氧化沟	2010 年 8 月	2	1.52
	南皮县冯家口工业集中区生活污水处理站	A/O	2010 年 6 月	0.06	0.05
	南皮县付庄工业集中区生活污水处理站	A/O	2010 年 6 月	0.06	0.06
	南皮县污水处理厂	BIOLAK	2010 年 8 月	3	1.97
	肃宁县第二污水处理厂	BIOLAK	2010 年 3 月	2	1.65
	泰乐铸造有限公司生活污水处理站	A/O	2009 年 5 月	0.05	0.05
	献县清源污水处理中心	A/A/O	2010 年 8 月	3	2.06
	盐山县城市污水处理厂	BIOLAK	2010 年 8 月	2	1.52
	盐山县凤凰花园住宅小区生活污水处理站	A/O	2010 年 3 月	0.07	0.06
	盐山县龙凤福园住宅小区生活污水处理站	A/O	2010 年 3 月	0.07	0.06
	盐山县龙海住宅小区生活污水处理站	A/O	2010 年 3 月	0.06	0.05
	肃宁县第一污水处理厂	BAF	2007 年 12 月	2	1.64
	青县河东污水处理厂	CAST	2009 年 8 月	1	0.95
	任丘市城东污水处理厂	生物膜	2009 年 6 月	5	3.6
	吴桥县污水处理厂	BIOLAK	2008 年 10 月	3	1.96

续表

地区	项目名称	主体处理工艺	投入时间	设计处理能力	平均处理水量
承德市	承德市城市污水处理有限责任公司	氧化沟	2008年6月	8	6.9
	承德县绿溪污水处理有限公司	BIOLAK	2006年8月	3	2.6
	丰宁满族自治县清源污水处理有限公司	BIOLAK	2009年6月	1.5	1.05
	平泉县污水处理厂	BIOLAK	2009年3月	3	1.94
	隆化县污水处理厂	BIOLAK	2009年8月	2	1.37
	围场县鑫汇污水净化处理中心	A/A/O	2009年8月	2.5	1.72
	承德市中保水务有限公司	BAF	2009年8月	5	2.48
	滦平县德龙污水处理厂	BIOLAK	2009年8月	2	1.33
	宽城奥能环保有限公司	A/A/O	2009年9月	2	1.5
	承德市鹰手营子矿区柳源污水处理有限责任公司	BIOLAK	2009年9月	2	1.24
	兴隆县柳源污水处理厂	氧化沟	2008年7月	2	1.31
邯郸市	磁县六合工业有限公司生活污水处理站	接触氧化	2010年5月	0.12	0.12
	磁县污水处理厂	氧化沟	2008年6月	3	2.12
	邯郸市东污水处理厂	氧化沟	2010年6月	6	4.8
	肥乡污水处理厂	CASS	2009年12月	3	1.3
	峰峰矿区郭庄污水处理厂	活性污泥	2004年9月	1.5	0.9
	馆陶污水处理厂	BIOLAK	2009年12月	3	1.4
	广平污水处理厂	BIOLAK	2009年12月	3	1.2
	邯郸市西污水处理厂	二级生化	2004年4月	10	8
	邯郸通用污水处理有限公司	BAF	2008年8月	10	9.3
	鸡泽污水处理厂	氧化沟	2009年12月	2.5	1.5
	临漳污水处理厂	BIOLAK	2009年12月	3	1.8
	邱县污水处理厂	氧化沟	2005年9月	3	2.2
	涉县清漳污水处理厂	BIOLAK	2007年5月	2.5	2
	陶二矿区生活污水处理站	A/O	2009年8月	0.15	0.1
	天铁生活区更乐镇生活污水处理厂	絮凝+厌氧	2008年6月	1.2	0.85
	魏县污水处理厂	CASS	2008年10月	3	1.9

续表

地区	项目名称	主体处理工艺	投入时间	设计处理能力	平均处理水量
邯郸市	新坡污水处理厂（邯郸成晟水务有限公司）	BAF	2007年12月	3.3	3.04
	成安污水处理厂	氧化沟	2008年8月	3	2.1
	曲周污水处理厂	氧化沟	2009年7月	3	1.5
	大名县污水处理厂	CASS	2009年6月	2	1.25
	永年污水处理厂	BIOLAK	2008年8月	3	3
	武安市污水处理厂	BIOLAK	2007年12月	3.3	2.1
衡水市	安平县污水处理厂（凯悦污水处理有限公司）	BIOLAK	2009年1月	3	2.46
	阜城县污水处理厂	A/A/O	2010年3月	2	1.65
	故城县污水处理厂	氧化沟	2010年3月	1.5	1.23
	景县污水处理厂	A/O	2009年11月	4	1.75
	饶阳县污水处理厂	氧化沟	2009年10月	1.5	1.14
	深州嘉诚水质净化有限公司	CAST	2008年10月	2.5	1.97
	武强县污水处理厂	氧化沟	2009年10月	2	1.59
	武邑县污水处理厂	氧化沟	2010年7月	1.5	1.08
	衡水市路北污水处理厂	A/O	2002年11月	10	8.88
	冀州市污水处理厂	人工湿地	2009年6月	1.5	1.21
	枣强县污水处理厂	A/A/O	2009年8月	1.5	1.03
廊坊市	霸州嘉诚水质净化有限公司	SBR	2008年11月	2	2
	霸州市东段污水处理厂	CAST	2010年10月	2	1.9
	霸州市胜芳第二污水处理厂	SBR	2008年11月	2	1.9
	霸州市胜芳第一污水处理厂	SBR	2007年6月	2	2
	霸州市污水处理厂	BIOLAK	2008年12月	4	3.42
	固安城区污水处理厂	NPR	2008年11月	1.5	1.14
	廊坊开发区供水中心污水处理厂	SBR	2008年8月	3	2.1
	廊坊凯发新泉水务有限公司	活性污泥	2002年3月	8	5.8
	三河市鼎盛水业发展有限公司（南城污水处理厂）	地埋式生物接触氧化法	2006年8月	1	0.8

续表

地区	项目名称	主体处理工艺	投入时间	设计处理能力	平均处理水量
廊坊市	三河市金桥水业有限责任公司（北城污水处理厂）	地埋式生物接触氧化法	2006年9月	0.5	0.37
	三河市燕郊东污水处理厂	CASS	2007年1月	1.3	1.3
	三河市燕郊污水处理厂	SBR	2008年7月	5	3.5
	文安县城区污水处理厂	A/A/O	2009年8月	2	0.65
	香河县污水处理厂	CASS	2008年1月	2	1.6
	永清县北方污水处理有限公司	A/O	2010年9月	1	0.8
	大城县污水处理厂	氧化沟	2009年9月	2	1.39
秦皇岛市	第一污水处理厂	A/A/O	2008年3月	4	2.97
	国水（昌黎）污水处理有限公司	CASS	2010年8月	4	2.84
	龙海道污水处理厂	BAF	2010年1月	1	0.34
	满源污水处理有限公司	氧化沟	2010年6月	1	0.8
	秦皇岛北戴河西部（第二）污水处理厂	二级生化	2000年6月	7	3.9
	秦皇岛第三污水处理厂	二级生化	2001年10月	7	5
	秦皇岛排水有限责任公司第六污水处理厂	CASS	2010年6月	2	0.75
	秦皇岛市第四污水处理厂	二级生化	2004年8月	12	10.5
	水暖分公司污水处理厂	二级生化	2007年12月	3	1
	中冶抚宁水务有限公司	氧化沟	2010年4月	5	3.6
	中冶秦皇岛水务有限公司（山海关污水处理厂）	A/A/O	2010年3月	4	3.38
唐山市	丰南区利源污水处理厂	氧化沟	2006年1月	5	5
	滦南县污水处理厂	氧化沟	2010年10月	4	2.2
	滦县污水处理厂	CASS	2009年6月	4	1.2
	南堡开发区污水处理厂	氧化沟	2004年6月	15	5.5
	迁西县污水处理厂	CAST	2008年8月	2	1.4
	唐山海港开发区东部污水处理厂	氧化沟	2009年9月	2.5	2.04
	唐山宏源污水处理厂	CASS	2004年10月	8	2.7
	唐山市北郊污水处理厂	氧化沟	2001年6月	6	5.7

续表

地区	项目名称	主体处理工艺	投入时间	设计处理能力	平均处理水量
唐山市	唐山市东郊污水处理厂	氧化沟	1997 年 7 月	15	10.7
	唐山市丰南区第二中水厂	氧化沟	2010 年 9 月	1	0.88
	唐山玉田县绿源污水处理有限公司	A/O	2007 年 12 月	5	4.9
	玉田县城污水处理厂	氧化沟	2010 年 10 月	4	3.1
	遵化国祯污水处理有限公司	氧化沟	2009 年 5 月	8	3.2
	唐山市西郊污水处理二厂	A/A/O	2007 年 1 月	12	9.7
	丰润区污水处理厂	A/A/O	1992 年 11 月	8	7.5
	唐山城市排水有限公司唐海运营分公司	悬链曝气	2009 年 3 月	2	1.95
	迁安市城市污水处理有限公司	A/A/O	2003 年 6 月	8	7.34
邢台市	柏乡县污水处理厂	CASS	2010 年 7 月	1.25	1.01
	东庞矿生活污水处理厂	SBR	2008 年 11 月	1.2	0.61
	广宗县污水处理厂	CASS	2010 年 6 月	1	0.73
	河北金牛能源股份有限公司邢东矿生活污水处理厂	BAF	2009 年 3 月	0.08	0.06
	冀中能源股份有限公司章村矿生活污水处理站	接触氧化	2010 年 2 月	0.13	0.1
	巨鹿县污水处理厂	BIOLAK	2010 年 6 月	2	1.47
	临城县泜河污水处理厂	CASS	2010 年 6 月	1	0.81
	临西县污水处理厂	BIOLAK	2010 年 6 月	2	1.24
	隆尧县污水处理厂	BIOLAK	2010 年 4 月	1.5	1.14
	南和县污水处理厂	BIOLAK	2010 年 6 月	1.5	1.24
	内丘县污水处理厂	接触氧化	2009 年 6 月	1.5	1.1
	平乡县污水处理厂	氧化沟	2010 年 6 月	1.5	0.97
	任县污水处理厂	BIOLAK	2010 年 6 月	1	0.89
	沙河市污水处理厂	活性污泥	2007 年 12 月	5	4.2
	威县污水处理厂	CASS	2010 年 6 月	1	0.79
	新河县污水处理厂	CASS	2010 年 6 月	1	0.77
	邢台矿生活污水处理厂	氧化沟	2008 年 11 月	1.5	0.62

续表

地区	项目名称	主体处理工艺	投入时间	设计处理能力	平均处理水量
邢台市	邢台市小黄河围寨河管理处南小汪污水处理厂	活性污泥	2002 年 8 月	1. 2	0. 6
	南宫市污水处理厂	SBR	2008 年 6 月	1	0. 88
	宁晋县碧源污水处理厂	氧化沟	2008 年 6 月	3	2. 47
	清河县污水处理厂	氧化沟	2008 年 6 月	2. 2	1. 96
	邢台市污水处理厂	活性污泥	2006 年 6 月	15	10. 1
张家口市	赤城县漪澜污水处理厂	改良人工潜流	2010 年 8 月	2	0. 8
	沽源县污水处理厂	氧化沟	2010 年 8 月	1	0. 83
	怀安县污水处理厂	CAST	2009 年 10 月	1. 8	1
	河北省矾山磷矿有限公司生活污水处理站	接触氧化	2010 年 8 月	0. 03	0. 03
	怀来京西洁源污水处理厂	氧化沟	2008 年 7 月	3	1. 6
	康保县城污水及再生水处理厂	A/A/O	2010 年 8 月	1. 6	0. 97
	尚义县污水处理厂	CASS	2010 年 8 月	1. 5	0. 56
	蔚县污水处理厂	氧化沟	2010 年 8 月	3	1. 4
	宣化区羊坊污水处理厂	A/A/O	2006 年 9 月	12	8. 4
	阳原县洁源污水处理有限公司	氧化沟	2010 年 7 月	2	0. 63
	张北县嘉诚水质净化有限公司	氧化沟	2010 年 4 月	1. 5	1. 31
	涿鹿县污水处理厂	氧化沟	2008 年 11 月	2	0. 9
	万全县污水处理厂	CASS	2009 年 8 月	1. 5	0. 95
	下花园区污水处理厂	氧化沟	2009 年 8 月	2. 5	1. 1
	张家口市宣化区排水有限公司	A/A/O	2009 年 12 月	12. 8	9. 5
	张家口市鸿泽排水有限公司	A/A/O	2006 年 8 月	13	8. 5

附录 5　　不同土地利用类型水污染物质排放系数

土地类型	土地面积（平方千米）	总磷（吨/平方千米）	总氮（吨/平方千米）	COD（吨/平方千米）
农业用地	89475	0. 0033	0. 0083	0. 3900
林业用地	45928	0. 0020	0. 0056	0. 1300
建设用地	17262	0. 0066	0. 0088	0. 2000
其他土地	35860	0. 0025	0. 0065	0. 1600

附录 6　　各产业用水系数和污水排放系数

序号	产业	用水系数（吨/万元总产出）	污水排放系数（吨/万元总产出）
1	农业	255.06	33.16
2	林业	131.92	17.15
3	牧业	311.54	40.50
4	渔业	184.62	24.00
5	工业	4.42	0.93
6	建筑业	2.73	0.60
7	交通运输、仓储和邮政	1.34	0.27
8	金融业	0.58	0.12
9	房地产业	1.25	0.25
10	其他	0.58	0.12

附录 7　　各种用水类型水污染物质排放系数

序号	用水类型	系数单位	COD	总磷	总氮
1	产业用水	吨/万元总产出	0.000450	0.000010	0.000128
2	居民生活用水	吨/万人．年$^{-1}$	47.3221	0.083076	0.932787
3	生态用水	吨/立方米	0.000113	0.000001	0.000003

附录 8　　2012～2030 年石家庄市污水处理和再生水利用情况

年份	污水排放量（万立方米）	污水处理量（万立方米）	污水处理率（%）	再生水利用量（万立方米）	再生水利用率（%）
2012	45424	33788	74.38	6585	19.49
2013	44640	33788	75.69	8413	24.90
2014	43905	33788	76.96	9281	27.47
2015	43218	33788	78.18	11483	33.99
2016	42576	33788	79.36	11483	33.99
2017	43866	33788	77.03	11483	33.99
2018	45235	45235	100.00	22930	50.69

续表

年份	污水排放量（万立方米）	污水处理量（万立方米）	污水处理率（%）	再生水利用量（万立方米）	再生水利用率（%）
2019	46687	46687	100.00	24383	52.23
2020	48230	46687	96.80	24383	52.23
2021	49868	46687	93.62	24383	52.23
2022	51609	46687	90.46	24383	52.23
2023	53459	53459	100.00	31154	58.28
2024	55427	53459	96.45	31154	58.28
2025	57519	53459	92.94	31154	58.28
2026	59746	53459	89.48	31154	58.28
2027	62116	53459	86.06	31154	58.28
2028	64640	53459	82.70	31154	58.28
2029	67327	53459	79.40	31154	58.28
2030	70190	53459	76.16	31154	58.28

附录9　　2012～2030年承德市污水处理和再生水利用情况

年份	污水排放量（万立方米）	污水处理量（万立方米）	污水处理率（%）	再生水利用量（万立方米）	再生水利用率（%）
2012	14030	12111	86.32	1150	9.49
2013	13831	12111	87.56	1469	12.13
2014	13645	12111	88.76	1620	13.38
2015	13472	12111	89.90	2005	16.56
2016	13311	12111	90.98	2005	16.56
2017	13672	12111	88.58	2005	16.56
2018	14054	14054	100.00	3949	28.10
2019	14460	14460	100.00	4354	30.11
2020	14889	14889	100.00	4783	32.13
2021	15345	15345	100.00	5239	34.14
2022	15828	15828	100.00	5722	36.15
2023	16341	16341	100.00	6235	38.16

续表

年份	污水排放量（万立方米）	污水处理量（万立方米）	污水处理率（%）	再生水利用量（万立方米）	再生水利用率（%）
2024	16886	16886	100.00	6780	40.15
2025	17465	17465	100.00	7359	42.14
2026	18080	17465	96.60	7359	42.14
2027	18733	18733	100.00	8628	46.06
2028	19429	19429	100.00	9323	47.99
2029	20168	20168	100.00	10063	49.89
2030	20956	20956	100.00	10850	51.78

附录 10　　2012～2030 年张家口市污水处理和再生水利用情况

年份	污水排放量（万立方米）	污水处理量（万立方米）	污水处理率（%）	再生水利用量（万立方米）	再生水利用率（%）
2012	15160	7064	46.60	932	13.19
2013	15031	7064	47.00	1190	16.85
2014	14913	7064	47.37	1313	18.59
2015	14805	7064	47.71	1624	23.00
2016	15131	7064	46.68	1624	23.00
2017	15476	7064	45.64	1624	23.00
2018	15839	7064	44.60	1624	23.00
2019	16223	16223	100.00	10784	66.47
2020	16629	16629	100.00	11189	67.29
2021	17058	17058	100.00	11618	68.11
2022	17512	17512	100.00	12072	68.94
2023	17992	17992	100.00	12553	69.77
2024	18501	17992	97.25	12553	69.77
2025	19040	19040	100.00	13601	71.43
2026	19612	19612	100.00	14173	72.27
2027	20218	20218	100.00	14779	73.10
2028	20862	20862	100.00	15423	73.93
2029	21545	21545	100.00	16106	74.75
2030	22271	22271	100.00	16831	75.58

附录 11 2012～2030 年秦皇岛市污水处理和再生水利用情况

年份	污水排放量（万立方米）	污水处理量（万立方米）	污水处理率（%）	再生水利用量（万立方米）	再生水利用率（%）
2012	11075	10097	91.17	2014	19.95
2013	10954	10097	92.18	2573	25.48
2014	10842	10097	93.13	2838	28.11
2015	10738	10097	94.03	3512	34.78
2016	10643	10097	94.87	3512	34.78
2017	10897	10897	100.00	4311	39.57
2018	11164	11164	100.00	4579	41.01
2019	11447	11447	100.00	4862	42.47
2020	11746	11746	100.00	5161	43.94
2021	12063	12063	100.00	5478	45.41
2022	12398	12398	100.00	5813	46.89
2023	12754	12754	100.00	6168	48.37
2024	13130	13130	100.00	6545	49.85
2025	13529	13529	100.00	6944	51.33
2026	13953	13953	100.00	7368	52.80
2027	14402	14402	100.00	7817	54.28
2028	14880	14880	100.00	8294	55.74
2029	15387	15387	100.00	8801	57.20
2030	15925	15925	100.00	9340	58.65

附录 12 2012～2030 年唐山市污水处理和再生水利用情况

年份	污水排放量（万立方米）	污水处理量（万立方米）	污水处理率（%）	再生水利用量（万立方米）	再生水利用率（%）
2012	50854	27379	53.84	3922	14.32
2013	52135	27379	52.51	5010	18.30
2014	53090	27379	51.57	5527	20.19
2015	53749	27379	50.94	6838	24.98
2016	52931	27379	51.73	6838	24.98

续表

年份	污水排放量（万立方米）	污水处理量（万立方米）	污水处理率（%）	再生水利用量（万立方米）	再生水利用率（%）
2017	55389	55389	100.00	34848	62.92
2018	58009	55389	95.48	34848	62.92
2019	60804	60804	100.00	40264	66.22
2020	63787	63787	100.00	43246	67.80
2021	66969	66969	100.00	46428	69.33
2022	70364	70364	100.00	49824	70.81
2023	73989	73989	100.00	53448	72.24
2024	77858	77858	100.00	57317	73.62
2025	81988	81988	100.00	61448	74.95
2026	86399	86399	100.00	65858	76.23
2027	91109	91109	100.00	70568	77.46
2028	96139	96139	100.00	75599	78.63
2029	101512	101512	100.00	80972	79.77
2030	107251	107251	100.00	86711	80.85

附录 13　　2012～2030 年廊坊市污水处理和再生水利用情况

年份	污水排放量（万立方米）	污水处理量（万立方米）	污水处理率（%）	再生水利用量（万立方米）	再生水利用率（%）
2012	19031	11195	58.82	1538	13.74
2013	18715	11195	59.82	1965	17.56
2014	18419	11195	60.78	2168	19.37
2015	18143	11195	61.70	2683	23.96
2016	17885	11195	62.59	2683	23.96
2017	18414	11195	60.79	2683	23.96
2018	18976	11195	58.99	2683	23.96
2019	19572	19572	100.00	11060	56.51
2020	20204	20204	100.00	11692	57.87
2021	20876	20876	100.00	12364	59.23

续表

年份	污水排放量（万立方米）	污水处理量（万立方米）	污水处理率（%）	再生水利用量（万立方米）	再生水利用率（%）
2022	21589	21589	100. 00	13077	60. 57
2023	22347	22347	100. 00	13835	61. 91
2024	23153	23153	100. 00	14641	63. 24
2025	24010	24010	100. 00	15498	64. 55
2026	24921	24921	100. 00	16409	65. 84
2027	25891	25891	100. 00	17379	67. 12
2028	26923	26923	100. 00	18412	68. 38
2029	28023	28023	100. 00	19511	69. 62
2030	29193	29193	100. 00	20681	70. 84

附录 14　　2012～2030 年保定市污水处理和再生水利用情况

年份	污水排放量（万立方米）	污水处理量（万立方米）	污水处理率（%）	再生水利用量（万立方米）	再生水利用率（%）
2012	40652	24966	61. 41	3566	14. 28
2013	40245	24966	62. 04	4556	18. 25
2014	39869	24966	62. 62	5026	20. 13
2015	39524	24966	63. 17	6219	24. 91
2016	39207	24966	63. 68	6219	24. 91
2017	40105	40105	100. 00	21357	53. 25
2018	41052	41052	100. 00	22305	54. 33
2019	42052	42052	100. 00	23305	55. 42
2020	43110	43110	100. 00	24363	56. 51
2021	44228	44228	100. 00	25481	57. 61
2022	45412	45412	100. 00	26664	58. 72
2023	46664	46664	100. 00	27917	59. 83
2024	47991	47991	100. 00	29244	60. 94
2025	49398	49398	100. 00	30650	62. 05
2026	50889	50889	100. 00	32142	63. 16

续表

年份	污水排放量（万立方米）	污水处理量（万立方米）	污水处理率（%）	再生水利用量（万立方米）	再生水利用率（%）
2027	52470	52470	100.00	33723	64.27
2028	54149	54149	100.00	35402	65.38
2029	55931	55931	100.00	37184	66.48
2030	57824	57824	100.00	39077	67.58

附录15　　2012～2030年沧州市污水处理和再生水利用情况

年份	污水排放量（万立方米）	污水处理量（万立方米）	污水处理率（%）	再生水利用量（万立方米）	再生水利用率（%）
2012	31109	22951	73.78	1741	7.59
2013	30591	22951	75.03	2224	9.69
2014	30105	22951	76.24	2454	10.69
2015	29652	22951	77.40	3036	13.23
2016	29228	22951	78.52	3036	13.23
2017	30095	22951	76.26	3036	13.23
2018	31015	31015	100.00	11100	35.79
2019	31991	31991	100.00	12076	37.75
2020	33027	33027	100.00	13112	39.70
2021	34127	34127	100.00	14211	41.64
2022	35295	35295	100.00	15380	43.57
2023	36536	36536	100.00	16621	45.49
2024	37856	37856	100.00	17941	47.39
2025	39260	39260	100.00	19345	49.27
2026	40753	40753	100.00	20838	51.13
2027	42342	42342	100.00	22427	52.97
2028	44033	42342	96.16	22427	52.97
2029	45834	45834	100.00	25919	56.55
2030	47752	47752	100.00	27836	58.29

附录 16　　2012～2030 年衡水市污水处理和再生水利用情况

年份	污水排放量（万立方米）	污水处理量（万立方米）	污水处理率（%）	再生水利用量（万立方米）	再生水利用率（%）
2012	15467	8756	56. 61	1179	13. 47
2013	15322	8756	57. 15	1507	17. 21
2014	15189	8756	57. 65	1662	18. 98
2015	15067	8756	58. 12	2057	23. 49
2016	14955	8756	58. 55	2057	23. 49
2017	15288	8756	57. 28	2057	23. 49
2018	15639	8756	55. 99	2057	23. 49
2019	16009	16009	100. 00	9309	58. 15
2020	16400	16400	100. 00	9701	59. 15
2021	16814	16814	100. 00	10114	60. 15
2022	17251	17251	100. 00	10552	61. 16
2023	17714	17714	100. 00	11015	62. 18
2024	18204	18204	100. 00	11505	63. 20
2025	18723	18723	100. 00	12024	64. 22
2026	19274	19274	100. 00	12574	65. 24
2027	19857	19857	100. 00	13157	66. 26
2028	20476	20476	100. 00	13776	67. 28
2029	21132	21132	100. 00	14433	68. 30
2030	21830	21830	100. 00	15130	69. 31

附录 17　　2012～2030 年邢台市污水处理和再生水利用情况

年份	污水排放量（万立方米）	污水处理量（万立方米）	污水处理率（%）	再生水利用量（万立方米）	再生水利用率（%）
2012	25319	12242	48. 35	1704	13. 92
2013	25083	12242	48. 81	2178	17. 79
2014	24865	12242	49. 23	2402	19. 62
2015	24665	12242	49. 63	2972	24. 28
2016	25230	12242	48. 52	2972	24. 28

续表

年份	污水排放量（万立方米）	污水处理量（万立方米）	污水处理率（%）	再生水利用量（万立方米）	再生水利用率（%）
2017	25827	25827	100.00	16557	64.11
2018	26457	26457	100.00	17187	64.96
2019	27122	27122	100.00	17853	65.82
2020	27827	27827	100.00	18557	66.69
2021	28572	28572	100.00	19302	67.56
2022	29360	29360	100.00	20090	68.43
2023	30196	30196	100.00	20926	69.30
2024	31081	31081	100.00	21811	70.18
2025	32020	32020	100.00	22750	71.05
2026	33016	33016	100.00	23746	71.92
2027	34073	34073	100.00	24803	72.79
2028	35195	35195	100.00	25925	73.66
2029	36387	36387	100.00	27117	74.52
2030	37653	37653	100.00	28383	75.38

附录 18　　2012～2030 年邯郸市污水处理和再生水利用情况

年份	污水排放量（万立方米）	污水处理量（万立方米）	污水处理率（%）	再生水利用量（万立方米）	再生水利用率（%）
2012	37564	20664	55.01	3768	18.23
2013	37016	20664	55.83	4814	23.30
2014	36504	20664	56.61	5310	25.70
2015	36027	20664	57.36	6570	31.80
2016	35583	20664	58.07	6570	31.80
2017	36563	20664	56.52	6570	31.80
2018	37600	20664	54.96	6570	31.80
2019	38700	38700	100.00	24606	63.58
2020	39866	39866	100.00	25772	64.65
2021	41103	41103	100.00	27009	65.71

续表

年份	污水排放量（万立方米）	污水处理量（万立方米）	污水处理率（%）	再生水利用量（万立方米）	再生水利用率（%）
2022	42415	42415	100.00	28322	66.77
2023	43809	43809	100.00	29715	67.83
2024	45289	45289	100.00	31195	68.88
2025	46861	46861	100.00	32768	69.92
2026	48533	48533	100.00	34439	70.96
2027	50310	48533	96.47	34439	70.96
2028	52200	52200	100.00	38106	73.00
2029	54211	54211	100.00	40117	74.00
2030	56351	56351	100.00	42257	74.99

附录 19　　石家庄市 2012～2030 年用水结构与用水总量　　单位：亿立方米

年份	农业用水	工业用水	居民用水	景观用水	用水总量
2012	20.09	3.99	3.39	0.55	28.03
2013	19.69	3.84	3.43	0.68	27.64
2014	19.30	3.70	3.47	0.74	27.21
2015	18.91	3.58	3.51	0.73	26.73
2016	18.53	3.46	3.56	0.73	26.28
2017	20.02	3.70	2.98	0.74	27.43
2018	20.94	3.96	3.00	0.74	28.64
2019	21.96	4.24	3.05	0.75	29.99
2020	21.57	4.53	3.10	0.75	29.96
2021	21.20	4.85	3.13	0.76	29.94
2022	20.84	5.19	3.18	0.76	29.98
2023	20.45	5.55	3.24	0.77	30.01
2024	20.07	5.94	3.30	0.77	30.09
2025	19.70	6.36	3.37	0.78	30.20
2026	19.31	6.80	3.43	0.78	30.33
2027	18.92	7.28	3.50	0.79	30.49

续表

年份	农业用水	工业用水	居民用水	景观用水	用水总量
2028	18.54	7.79	3.54	0.80	30.67
2029	18.17	8.33	3.62	0.80	30.93
2030	17.79	8.92	3.68	0.81	31.19
合计	376.02	102.02	63.47	14.21	555.72

附录 20　　承德市 2012 ~ 2030 年用水结构与用水总量　　单位：亿立方米

年份	农业用水	工业用水	居民用水	景观用水	用水总量
2012	8.12	1.09	1.11	0.22	10.54
2013	7.95	1.05	1.12	0.27	10.40
2014	7.79	1.01	1.13	0.30	10.23
2015	7.64	0.98	1.14	0.29	10.05
2016	7.49	0.94	1.16	0.30	9.88
2017	8.09	1.01	0.95	0.30	10.34
2018	8.46	1.08	0.96	0.30	10.80
2019	8.87	1.16	0.97	0.30	11.30
2020	8.71	1.24	0.99	0.30	11.25
2021	8.56	1.33	1.00	0.31	11.20
2022	8.42	1.42	1.02	0.31	11.16
2023	8.26	1.52	1.03	0.31	11.12
2024	8.11	1.62	1.05	0.31	11.09
2025	7.96	1.74	1.06	0.32	11.07
2026	7.80	1.86	1.08	0.32	11.06
2027	7.64	1.99	1.06	0.32	11.02
2028	7.49	2.13	1.08	0.32	11.02
2029	7.34	2.28	1.10	0.32	11.04
2030	7.15	2.44	1.11	0.33	11.03
合计	151.85	27.87	20.14	5.76	205.62

附录 21　　张家口市 2012 ~ 2030 年用水结构与用水总量　　单位：亿立方米

年份	农业用水	工业用水	居民用水	景观用水	用水总量
2012	9.04	0.91	1.40	0.24	11.59
2013	8.86	0.88	1.42	0.30	11.46
2014	8.68	0.86	1.43	0.32	11.29
2015	8.51	0.83	1.45	0.32	11.11
2016	8.34	0.89	1.46	0.32	11.02
2017	9.01	0.95	1.36	0.32	11.64
2018	9.42	1.02	1.37	0.33	12.15
2019	9.88	1.09	1.39	0.33	12.69
2020	9.71	1.17	1.41	0.33	12.62
2021	9.54	1.25	1.43	0.33	12.55
2022	9.38	1.34	1.45	0.34	12.50
2023	9.20	1.43	1.47	0.34	12.44
2024	9.03	1.53	1.49	0.34	12.40
2025	8.86	1.64	1.51	0.34	12.36
2026	8.69	1.76	1.54	0.35	12.32
2027	8.51	1.88	1.56	0.35	12.30
2028	8.34	2.01	1.58	0.35	12.29
2029	8.18	2.15	1.61	0.35	12.29
2030	7.98	2.30	1.64	0.36	12.27
合计	169.16	25.91	27.97	6.27	229.30

附录 22　　秦皇岛市 2012 ~ 2030 年用水结构与用水总量　　单位：亿立方米

年份	农业用水	工业用水	居民用水	景观用水	用水总量
2012	6.65	0.76	1.00	0.17	8.58
2013	6.51	0.74	1.01	0.21	8.48
2014	6.38	0.72	1.03	0.23	8.36
2015	6.26	0.70	1.04	0.22	8.22
2016	6.13	0.68	1.06	0.23	8.10

续表

年份	农业用水	工业用水	居民用水	景观用水	用水总量
2017	6.62	0.73	0.71	0.23	8.29
2018	6.93	0.78	0.73	0.23	8.67
2019	7.26	0.84	0.74	0.23	9.07
2020	7.14	0.89	0.76	0.23	9.02
2021	7.01	0.96	0.78	0.23	8.98
2022	6.90	1.02	0.80	0.24	8.95
2023	6.77	1.10	0.82	0.24	8.92
2024	6.64	1.17	0.84	0.24	8.89
2025	6.52	1.25	0.86	0.24	8.87
2026	6.39	1.34	0.85	0.24	8.82
2027	6.26	1.44	0.87	0.24	8.81
2028	6.13	1.54	0.89	0.25	8.81
2029	6.01	1.64	0.92	0.25	8.82
2030	5.88	1.76	0.94	0.25	8.83
合计	124.39	20.06	16.66	4.39	165.50

附录 23　　唐山市 2012～2030 年用水结构与用水总量　　单位：亿立方米

年份	农业用水	工业用水	居民用水	景观用水	用水总量
2012	23.52	6.23	2.65	0.55	32.95
2013	23.05	6.47	2.69	0.68	32.89
2014	22.59	6.65	2.73	0.74	32.71
2015	22.14	6.78	2.77	0.73	32.42
2016	21.69	6.64	2.81	0.74	31.88
2017	23.43	7.10	1.90	0.74	33.17
2018	24.51	7.60	1.95	0.75	34.81
2019	25.70	8.13	2.00	0.75	36.58
2020	27.00	8.70	2.06	0.76	38.51
2021	26.53	9.31	2.12	0.76	38.71

续表

年份	农业用水	工业用水	居民用水	景观用水	用水总量
2022	26.07	9.96	2.18	0.77	38.97
2023	25.58	10.66	2.24	0.77	39.25
2024	25.10	11.40	2.31	0.78	39.59
2025	24.64	12.20	2.37	0.78	39.99
2026	24.14	13.05	2.44	0.79	40.43
2027	23.66	13.97	2.52	0.80	40.94
2028	23.19	14.94	2.60	0.80	41.54
2029	22.72	15.99	2.65	0.81	42.18
2030	22.26	17.11	2.75	0.81	42.92
合计	457.52	192.88	45.72	14.32	710.44

附录 24　　廊坊市 2012～2030 年用水结构与用水总量　　单位：亿立方米

年份	农业用水	工业用水	居民用水	景观用水	用水总量
2012	8.71	1.70	1.42	0.24	12.06
2013	8.54	1.64	1.43	0.29	11.90
2014	8.37	1.59	1.45	0.32	11.72
2015	8.20	1.55	1.46	0.31	11.52
2016	8.03	1.50	1.48	0.31	11.33
2017	8.68	1.61	0.96	0.32	11.57
2018	9.08	1.72	0.98	0.32	12.10
2019	9.52	1.84	1.00	0.32	12.68
2020	9.35	1.97	1.02	0.32	12.66
2021	9.19	2.11	1.03	0.33	12.65
2022	9.03	2.26	1.02	0.33	12.64
2023	8.87	2.42	1.04	0.33	12.65
2024	8.70	2.58	1.05	0.33	12.67
2025	8.54	2.77	1.08	0.33	12.72
2026	8.37	2.96	1.10	0.34	12.76

续表

年份	农业用水	工业用水	居民用水	景观用水	用水总量
2027	8.20	3.17	1.12	0.34	12.83
2028	8.04	3.39	1.15	0.34	12.92
2029	7.88	3.63	1.18	0.34	13.02
2030	7.71	3.88	1.20	0.35	13.14
合计	162.99	44.28	22.16	6.10	235.54

附录 25　　保定市 2012 ~ 2030 年用水结构与用水总量　　单位：亿立方米

年份	农业用水	工业用水	居民用水	景观用水	用水总量
2012	16.77	2.64	3.53	0.47	23.42
2013	16.44	2.56	3.57	0.57	23.13
2014	16.11	2.48	3.60	0.62	22.81
2015	15.79	2.41	3.63	0.61	22.44
2016	15.47	2.35	3.67	0.62	22.10
2017	16.71	2.52	2.99	0.62	22.84
2018	17.48	2.69	3.03	0.63	23.82
2019	18.33	2.88	3.06	0.63	24.90
2020	18.70	3.08	3.10	0.64	25.52
2021	18.38	3.30	3.14	0.64	25.46
2022	18.07	3.53	3.18	0.64	25.42
2023	17.73	3.77	3.22	0.65	25.37
2024	17.40	4.04	3.26	0.65	25.35
2025	17.07	4.32	3.30	0.66	25.36
2026	16.73	4.62	3.35	0.66	25.37
2027	16.40	4.95	3.40	0.67	25.41
2028	16.07	5.29	3.44	0.67	25.48
2029	15.75	5.66	3.49	0.68	25.58
2030	15.41	6.06	3.54	0.68	25.70
合计	320.78	69.16	63.51	12.01	465.47

附录 26　　沧州市 2012～2030 年用水结构与用水总量　　单位：亿立方米

年份	农业用水	工业用水	居民用水	景观用水	用水总量
2012	14. 13	2. 63	2. 35	0. 38	19. 48
2013	13. 85	2. 52	2. 37	0. 47	19. 21
2014	13. 57	2. 43	2. 40	0. 51	18. 91
2015	13. 30	2. 34	2. 43	0. 51	18. 57
2016	13. 03	2. 26	2. 46	0. 51	18. 25
2017	14. 07	2. 41	2. 03	0. 51	19. 04
2018	14. 72	2. 58	2. 07	0. 52	19. 89
2019	15. 44	2. 76	2. 10	0. 52	20. 82
2020	15. 17	2. 96	2. 13	0. 53	20. 78
2021	14. 91	3. 16	2. 17	0. 53	20. 77
2022	14. 65	3. 39	2. 20	0. 53	20. 78
2023	14. 38	3. 62	2. 24	0. 54	20. 78
2024	14. 11	3. 88	2. 28	0. 54	20. 81
2025	13. 85	4. 15	2. 32	0. 54	20. 87
2026	13. 57	4. 44	2. 37	0. 55	20. 93
2027	13. 30	4. 75	2. 41	0. 55	21. 02
2028	13. 04	5. 08	2. 46	0. 56	21. 13
2029	12. 78	5. 44	2. 51	0. 56	21. 28
2030	12. 51	5. 82	2. 56	0. 56	21. 45
合计	264. 37	66. 61	43. 87	9. 92	384. 78

附录 27　　衡水市 2012～2030 年用水结构与用水总量　　单位：亿立方米

年份	农业用水	工业用水	居民用水	景观用水	用水总量
2012	8. 29	0. 90	1. 37	0. 21	10. 78
2013	8. 12	0. 87	1. 38	0. 26	10. 64
2014	7. 96	0. 84	1. 39	0. 29	10. 48
2015	7. 80	0. 81	1. 41	0. 28	10. 30
2016	7. 65	0. 78	1. 42	0. 28	10. 13

续表

年份	农业用水	工业用水	居民用水	景观用水	用水总量
2017	8.26	0.83	1.43	0.29	10.81
2018	8.64	0.89	1.45	0.29	11.26
2019	9.06	0.95	1.46	0.29	11.76
2020	8.90	1.02	1.47	0.29	11.69
2021	8.75	1.09	1.49	0.29	11.62
2022	8.60	1.17	1.50	0.30	11.57
2023	8.44	1.25	1.52	0.30	11.50
2024	8.28	1.34	1.54	0.30	11.45
2025	8.13	1.43	1.55	0.30	11.41
2026	7.97	1.53	1.57	0.30	11.37
2027	7.81	1.64	1.59	0.31	11.34
2028	7.65	1.75	1.61	0.31	11.32
2029	7.50	1.87	1.63	0.31	11.31
2030	7.34	2.00	1.65	0.31	11.30
合计	155.13	22.94	28.43	5.52	212.02

附录 28　　邢台市 2012～2030 年用水结构与用水总量　　单位：亿立方米

年份	农业用水	工业用水	居民用水	景观用水	用水总量
2012	10.59	1.46	2.23	0.29	14.57
2013	10.38	1.40	2.25	0.36	14.39
2014	10.17	1.34	2.27	0.39	14.17
2015	9.97	1.29	2.29	0.38	13.93
2016	9.77	1.38	2.31	0.39	13.85
2017	10.55	1.48	2.33	0.39	14.75
2018	11.04	1.58	2.36	0.39	15.37
2019	11.57	1.69	2.35	0.39	16.01
2020	11.37	1.81	2.34	0.40	15.92
2021	11.18	1.94	2.36	0.40	15.87
2022	10.99	2.07	2.38	0.40	15.85

续表

年份	农业用水	工业用水	居民用水	景观用水	用水总量
2023	10. 78	2. 22	2. 38	0. 40	15. 78
2024	10. 58	2. 37	2. 37	0. 41	15. 73
2025	10. 38	2. 54	2. 37	0. 41	15. 71
2026	10. 18	2. 72	2. 40	0. 41	15. 71
2027	9. 97	2. 91	2. 43	0. 42	15. 73
2028	9. 77	3. 11	2. 46	0. 42	15. 76
2029	9. 58	3. 33	2. 49	0. 42	15. 82
2030	9. 37	3. 56	2. 52	0. 42	15. 88
合计	198. 20	40. 22	44. 88	7. 49	290. 80

附录 29　　邯郸市 2012 ~ 2030 年用水结构与用水总量　　单位：亿立方米

年份	农业用水	工业用水	居民用水	景观用水	用水总量
2012	17. 03	2. 88	2. 96	0. 46	23. 33
2013	16. 69	2. 77	2. 99	0. 56	23. 01
2014	16. 36	2. 66	3. 02	0. 61	22. 65
2015	16. 03	2. 56	3. 05	0. 61	22. 25
2016	15. 71	2. 47	3. 08	0. 61	21. 87
2017	16. 97	2. 64	2. 54	0. 61	22. 76
2018	17. 75	2. 83	2. 57	0. 62	23. 77
2019	18. 61	3. 03	2. 61	0. 62	24. 87
2020	19. 55	3. 24	2. 65	0. 63	26. 06
2021	19. 21	3. 46	2. 69	0. 63	25. 99
2022	18. 88	3. 71	2. 73	0. 64	25. 95
2023	18. 52	3. 97	2. 77	0. 64	25. 90
2024	18. 18	4. 24	2. 81	0. 64	25. 88
2025	17. 84	4. 54	2. 86	0. 65	25. 89
2026	17. 48	4. 86	2. 91	0. 65	25. 90
2027	17. 13	5. 20	2. 96	0. 66	25. 95

续表

年份	农业用水	工业用水	居民用水	景观用水	用水总量
2028	16.79	5.56	3.01	0.66	26.02
2029	16.45	5.95	3.06	0.67	26.14
2030	16.11	6.37	3.12	0.67	26.27
合计	331.29	72.95	54.37	11.85	470.46

附录30　　2017～2030年石家庄市新技术利用规划

年份	新建污水处理厂（个）				农业灌溉节水技术面积（公顷）		家用节水水龙头个数（万）	
	MBR	DMBR	UMBR	EMBR	喷灌技术	滴灌技术	陶瓷阀芯水龙头	铜制水龙头
2017	0	0	0	0	0	0	691	0
2018	2	0	0	0	0	0	32	0
2019	0	0	0	1	0	0	0	0
2020	0	0	0	0	0	0	0	0
2021	0	0	0	0	0	0	0	15
2022	0	0	0	0	0	0	0	0
2023	1	0	0	0	0	0	0	0
2024	0	0	0	0	0	0	0	0
2025	0	0	0	0	0	0	0	0
2026	0	0	0	0	0	0	0	0
2027	0	0	0	0	0	0	0	0
2028	0	0	0	0	0	0	38	0
2029	0	0	0	0	0	0	0	0
2030	0	0	0	0	5922	0	25	0
合计	3	0	0	1	5922	0	786	15

附录 31　　2017～2030 年承德市新技术利用规划

年份	新建污水处理厂（个）				农业灌溉节水技术面积（公顷）		家用节水水龙头个数（万）	
	MBR	DMBR	UMBR	EMBR	喷灌技术	滴灌技术	陶瓷阀芯水龙头	铜制水龙头
2017	0	0	0	0	0	0	242	0
2018	1	0	0	0	0	0	0	0
2019	1	0	0	0	0	0	0	0
2020	0	0	0	1	0	0	0	0
2021	1	0	0	0	0	0	0	0
2022	1	0	0	0	0	0	0	0
2023	0	0	0	1	0	0	0	0
2024	0	0	0	1	0	0	0	0
2025	1	0	0	0	0	0	0	0
2026	0	0	0	0	0	0	0	0
2027	1	0	0	0	0	0	0	19
2028	0	0	1	0	0	0	0	0
2029	0	0	1	0	0	0	0	0
2030	0	0	1	0	0	10569	0	3
合计	6	0	3	3	0	10569	242	22

附录 32　　2017～2030 年张家口市新技术利用规划

年份	新建污水处理厂（个）				农业灌溉节水技术面积（公顷）		家用节水水龙头个数（万）	
	MBR	DMBR	UMBR	EMBR	喷灌技术	滴灌技术	陶瓷阀芯水龙头	铜制水龙头
2017	0	0	0	0	0	0	134	0
2018	0	0	0	0	0	0	0	0
2019	1	0	0	0	0	0	0	0
2020	0	0	0	1	0	0	0	0
2021	0	0	0	1	0	0	0	0
2022	0	0	0	1	0	0	0	0
2023	0	0	0	1	0	0	0	0

续表

年份	新建污水处理厂（个）				农业灌溉节水技术面积（公顷）		家用节水水龙头个数（万）	
	MBR	DMBR	UMBR	EMBR	喷灌技术	滴灌技术	陶瓷阀芯水龙头	铜制水龙头
2024	0	0	0	0	0	0	0	0
2025	0	0	0	1	0	0	0	0
2026	0	0	0	1	0	0	0	0
2027	0	0	0	1	0	0	0	0
2028	1	0	0	0	0	0	0	0
2029	0	0	0	1	0	0	0	0
2030	0	0	1	0	0	9854	0	0
合计	2	0	1	8	0	9854	134	0

附录 33　　2017～2030 年秦皇岛市新技术利用规划

年份	新建污水处理厂（个）				农业灌溉节水技术面积（公顷）		家用节水水龙头个数（万）	
	MBR	DMBR	UMBR	EMBR	喷灌技术	滴灌技术	陶瓷阀芯水龙头	铜制水龙头
2017	0	0	0	1	0	0	209	93
2018	1	0	0	0	0	0	1	0
2019	1	0	0	0	0	0	0	0
2020	1	0	0	0	0	0	0	0
2021	0	0	0	1	0	0	0	0
2022	0	0	0	1	0	0	0	0
2023	1	0	0	0	0	0	0	0
2024	0	0	0	1	0	0	0	0
2025	0	0	0	1	0	0	0	0
2026	0	0	0	1	0	0	0	19
2027	0	0	0	1	0	0	0	0
2028	1	0	0	0	0	0	0	0
2029	1	0	0	0	0	0	0	0
2030	0	0	1	0	2811	0	0	3
合计	6	0	1	7	2811	0	210	114

附录 34 2017～2030 年唐山市新技术利用规划

年份	新建污水处理厂（个）				农业灌溉节水技术面积（公顷）		家用节水水龙头个数（万）	
	MBR	DMBR	UMBR	EMBR	喷灌技术	滴灌技术	陶瓷阀芯水龙头	铜制水龙头
2017	4	0	0	0	0	0	530	265
2018	0	0	0	0	0	0	0	0
2019	1	0	0	0	0	0	0	0
2020	0	0	0	2	0	0	0	0
2021	1	0	0	0	0	0	0	0
2022	1	0	0	0	0	0	0	0
2023	1	0	0	0	0	0	0	0
2024	1	0	0	0	0	0	0	0
2025	0	0	0	3	0	0	8	0
2026	0	0	4	0	0	0	0	0
2027	0	0	0	3	0	0	0	0
2028	0	0	5	0	0	0	0	0
2029	0	0	5	0	0	0	38	0
2030	0	0	5	0	0	3600	0	0
合计	8	0	19	8	0	3600	576	265

附录 35 2017～2030 年廊坊市新技术利用规划

年份	新建污水处理厂（个）				农业灌溉节水技术面积（公顷）		家用节水水龙头个数（万）	
	MBR	DMBR	UMBR	EMBR	喷灌技术	滴灌技术	陶瓷阀芯水龙头	铜制水龙头
2017	0	0	0	0	0	0	282	153
2018	0	0	0	0	0	0	0	1
2019	1	0	0	0	0	0	0	0
2020	1	0	0	0	0	0	0	0
2021	1	0	0	0	0	0	0	3
2022	0	0	0	1	0	0	36	0
2023	1	0	0	0	0	0	0	0

续表

年份	新建污水处理厂（个）				农业灌溉节水技术面积（公顷）		家用节水水龙头个数（万）	
	MBR	DMBR	UMBR	EMBR	喷灌技术	滴灌技术	陶瓷阀芯水龙头	铜制水龙头
2024	1	0	0	0	0	0	4	0
2025	1	0	0	0	0	0	0	0
2026	0	0	0	1	0	0	0	0
2027	1	0	0	0	0	0	0	0
2028	0	0	1	0	0	0	0	0
2029	0	0	1	0	0	0	0	0
2030	0	0	1	0	0	1718	0	0
合计	7	0	3	2	0	1718	322	158

附录 36　　2017～2030 年保定市新技术利用规划

年份	新建污水处理厂（个）				农业灌溉节水技术面积（公顷）		家用节水水龙头个数（万）	
	MBR	DMBR	UMBR	EMBR	喷灌技术	滴灌技术	陶瓷阀芯水龙头	铜制水龙头
2017	2	0	0	0	0	0	785	0
2018	1	0	0	0	0	0	0	0
2019	1	0	0	0	0	0	0	0
2020	0	0	0	1	0	0	0	0
2021	1	0	0	0	0	0	0	0
2022	1	0	0	0	0	0	0	0
2023	1	0	0	0	0	0	0	0
2024	0	0	0	1	0	0	0	0
2025	1	0	0	0	0	0	0	0
2026	1	0	0	0	0	0	0	0
2027	1	0	0	0	0	0	0	0
2028	0	0	0	1	0	0	0	0
2029	1	0	0	0	0	0	0	0
2030	0	0	2	0	8263	0	0	0
合计	11	0	2	3	8263	0	785	0

附录 37　　2017~2030 年沧州市新技术利用规划

年份	新建污水处理厂（个）				农业灌溉节水技术面积（公顷）		家用节水水龙头个数（万）	
	MBR	DMBR	UMBR	EMBR	喷灌技术	滴灌技术	陶瓷阀芯水龙头	铜制水龙头
2017	0	0	0	0	0	0	501	0
2018	1	0	0	0	0	0	0	0
2019	0	0	0	0	0	0	0	0
2020	1	0	0	0	0	0	0	0
2021	1	0	0	0	0	0	0	0
2022	0	0	0	1	0	0	0	0
2023	0	0	0	1	0	0	0	0
2024	0	0	0	1	0	0	0	0
2025	0	0	0	1	0	0	0	0
2026	0	0	0	1	0	0	0	0
2027	2	0	0	0	0	0	0	0
2028	0	0	0	0	0	0	0	0
2029	0	0	3	0	0	0	0	0
2030	0	0	2	0	5014	0	0	0
合计	5	0	5	5	5014	0	501	0

附录 38　　2017~2030 年衡水市新技术利用规划

年份	新建污水处理厂（个）				农业灌溉节水技术面积（公顷）		家用节水水龙头个数（万）	
	MBR	DMBR	UMBR	EMBR	喷灌技术	滴灌技术	陶瓷阀芯水龙头	铜制水龙头
2017	0	0	0	0	0	0	0	0
2018	0	0	0	0	0	0	0	0
2019	1	0	0	0	0	0	0	0
2020	1	0	0	0	0	0	0	0
2021	1	0	0	0	0	0	0	0
2022	1	0	0	0	0	0	0	0
2023	0	0	0	1	0	0	0	0

续表

年份	新建污水处理厂（个）				农业灌溉节水技术面积（公顷）		家用节水水龙头个数（万）	
	MBR	DMBR	UMBR	EMBR	喷灌技术	滴灌技术	陶瓷阀芯水龙头	铜制水龙头
2024	1	0	0	0	0	0	0	0
2025	1	0	0	0	0	0	0	0
2026	0	0	0	1	0	0	0	0
2027	0	0	1	0	0	0	0	0
2028	1	0	0	0	0	0	0	0
2029	1	0	0	0	0	0	0	0
2030	1	0	0	0	3294	0	0	0
合计	9	0	1	2	3294	0	0	0

附录 39　　2017～2030 年邢台市新技术利用规划

年份	新建污水处理厂（个）				农业灌溉节水技术面积（公顷）		家用节水水龙头个数（万）	
	MBR	DMBR	UMBR	EMBR	喷灌技术	滴灌技术	陶瓷阀芯水龙头	铜制水龙头
2017	2	0	0	0	0	0	0	0
2018	1	0	0	0	0	0	0	0
2019	1	0	0	0	0	0	36	0
2020	1	0	0	0	0	0	0	18
2021	0	0	0	1	0	0	0	0
2022	1	0	0	0	0	0	0	0
2023	0	0	0	1	0	0	0	18
2024	0	0	0	1	0	0	0	16
2025	0	0	1	0	0	0	0	14
2026	1	0	0	0	0	0	0	0
2027	0	0	0	1	0	0	0	0
2028	1	0	0	0	0	0	0	0
2029	0	0	0	1	0	0	0	0
2030	0	0	0	1	4666	0	0	0
合计	8	0	1	6	4666	0	36	67

附录 40　　2017～2030 年邯郸市新技术利用规划

年份	新建污水处理厂（个）				农业灌溉节水技术面积（公顷）		家用节水水龙头个数（万）	
	MBR	DMBR	UMBR	EMBR	喷灌技术	滴灌技术	陶瓷阀芯水龙头	铜制水龙头
2017	0	0	0	0	0	0	0	321
2018	0	0	0	0	0	0	0	0
2019	3	0	0	0	0	0	0	0
2020	0	0	2	0	0	0	0	0
2021	1	0	0	0	0	0	0	0
2022	1	0	0	0	0	0	0	0
2023	0	0	0	1	0	0	0	0
2024	1	0	0	0	0	0	0	0
2025	1	0	0	0	0	0	0	0
2026	1	0	0	0	0	0	0	0
2027	0	0	0	0	0	0	0	0
2028	0	0	0	3	0	0	0	0
2029	0	0	0	2	0	0	0	0
2030	0	0	2	0	0	3207	0	0
合计	8	0	4	6	0	3207	0	321

参考文献

［1］鲍健强，苗阳，陈锋．低碳经济：人类经济发展方式的新变革［J］．中国工业经济，2008，4：153－160.

［2］陈操操，汪浩，刘春兰等．基于修正能源平衡体系的北京市能流分析［J］．中国能源，2013，35（8）：25－31.

［3］陈锡康，杨翠红．投入产出技术［M］．北京：科学出版社，2011.

［4］曹利军，鲍全盛．区域经济发展与水环境容量紧缺之间矛盾的调和——工业生产力宏观布局与产业结构调整策略［J］．经济地理，1998，18（4）：54－61.

［5］陈南祥，李跃鹏，徐晨光．基于多目标遗传算法的水资源优化配置［J］．水利学报，2006，37（3）：308－313.

［6］陈太政，侯景伟，陈准．中国水资源优化配置定量研究进展［J］．资源科学，2013，35（1）：132－139.

［7］杜也力．“可持续发展理论”研究综述［J］．高校社科信息，1997，3：22－25.

［8］付允，马永欢，刘怡君等．低碳经济的发展模式研究［J］．中国人口·资源与环境，2008，18（3）：14－19.

［9］贺北方．区域水资源优化分配的大系统优化模型［J］．武汉水利电力学院学报，1988，5：109－118.

［10］胡鞍钢．中国如何应对全球气候变暖的挑战影响决策的国情报告［M］．北京：清华大学出版社，2007.

［11］李璇．水环境约束下洱海流域产业结构调整多目标优化研究［J］．生态经济（学术版），2013，1：190－194.

［12］李源，应杰．论物质平衡理论对经济和环境系统的影响［J］．才智，2011，8：27－28.

［13］廖小平．论代际公平［J］．伦理学研究，2004（4）：25－31.

［14］吕红平，包芳．可持续发展中的生态伦理［J］．改革先声，2001（5）：33－34.

［15］马莉莉．关于循环经济的文献综述［J］．西安财经学院学报，2006，19（1）：29－35.

［16］马宗晋，姚清林．社会可持续发展论［J］．自然辩证法研究，1996，12（12）：28－30.

［17］毛如柏，冯之浚．论循环经济［M］．北京：经济科学出版社，2003.

［18］汪安佑，雷涯邻，沙景华．资源环境经济学［M］．北京：地质出版社，2011.

［19］潘家华．满足基本需求的“碳预算”及其国际公平与可持续含义［J］．世界经济与政治，2008，1：35－42.

［20］佟硕，张磊，吕正日．金融可持续发展理论研究述评［J］．对外经贸，2013，12：82－84.

［21］王恒，谷延霞．基于可持续发展理论的水资源承载力研究［J］．山西建筑，2010，36（15）：365－367.

［22］王淼洋．可持续性发展——一种新的文明观［J］．复印报刊资料（科学技术哲学），1997，1：49－52.

［23］王强．再论可持续发展的特征［J］．合肥教育学院学报，2001，18（4）：24－26.

［24］吴季松．循环经济——全面建设小康社会的必由之路［M］．北京：北京出版社，2003.

［25］夏堃堡．发展低碳经济实现城市可持续发展［J］．环境保护，2008，3：33－35.

［26］徐志伟，温孝卿．水资源与水环境双重约束下的中国工业效率——基于2000～2010年省际数据的经验研究［J］．当代经济，2013，10：86－95.

[27] 杨光，王玉伏．论科技的可持续发展功能［J］．科技进步与对策，15（4）：10-11.

[28] 叶文飞．生态环境与可持续发展的理论认识［J］．宏观经济研究，2001，4：56-58.

[29] 张国丰．北京市污水污泥处理的环境和经济影响动态模拟［D］．中国地质大学（北京）博士学位论文，2014.

[30] 张坤民．低碳世界中的中国：地位、挑战与战略［J］．中国人口·资源与环境，2008，18（3）：1-7.

[31] 张世秋．低碳经济：链接区域污染控制、气候变化减缓与可持续发展的桥梁．载张坤民等．低碳经济论［M］．北京：中国环境科学出版社，2008.

[32] 赵海霞，董雅文，段学军．产业结构调整与水环境污染控制的协调研究——以广西钦州市为例［J］．南京农业大学学报（社会科学版），2010，10（3）：21-26.

[33] 周四清，马超群，李林．太阳能光伏产业可持续发展理论研究思考［J］．科技进步与对策，2007，24（7）：88-90.

[34] 朱运爱．可持续发展的国际贸易理论探析［J］．科学与财富，2014，1：230-230.

[35] 诸大建，周建亮．循环经济理论与全面小康社会［J］．同济大学学报（社会科学版），2003（6）：107-112.

[36] 朱显梅，耿福，杜凤岚等．可持续发展理论在城市规划中的应用［J］．长春理工大学学报（综合版），2006，2（2）：151-153.

[37] 庄贵阳．中国经济低碳发展的途径与潜力分析［J］．国际技术经济研究，2005，8（3）：8-12.

[38] Chriemchaisri, C., Yamamoto, Y., Vigneswaran, S. Household membrane bioreactor in domestic wastewater treatment [J]. *Water Science and Technology*, 1993, 27: 171-178.

[39] Churchouse, S. Membrane bioreactors for wastewater treatment-operating experiences with the Kubota submerged membrane activated sludge process [J].

Membrane Technology, 1997, 1997 (83): 5 -9.

[40] Côté, P., Masini, M., Mourato, D. Comparison of membrane options for water reuse and reclamation [J]. *Desalination*, 2004, 167 (15): 1 -11.

[41] Fletcher, H., Mackley, T., Judd, S. The cost of a package plant membrane bioreactor [J]. *Water Research*, 2007, 41 (12): 2627 -2635.

[42] Gander, M., Jefferson, B., Judd, S. Aerobic MBRs for domestic wastewater treatment: a review with cost considerations [J]. *Separation and Purification Technology*, 2000, 18: 119 -130.

[43] Higano, Y., Mizunoya, T., Piao, S. H. Ibaraki Preference in the city area project for promotion of coordination between industry, academia and government, and advancement of regional science and technology [R]. *The Lake Ksumigaura Biomass Recycling Development Project* (2003 -2005), 2006.

[44] Higano, Y., Sawada, T. The dynamic policy to improve the water quality of lake Kasumigaura [J]. *Studies in Regional Science*, 1997, 26 (1): 75 -86.

[45] Huang Y., Li Y. P., Chen X., et al. A multistage simulation-based optimization model for water resources management in Tarim River Basin, China [J]. *Stochastic Environmental Research and Risk Assessment*, 2013, 27 (1): 147 -158.

[46] Kennis B., Culter, Robert K. Energy and Resource Quality: *The Ecology of the Economic Process* [M]. *New York*: *John Wiley & Sons*, 1968.

[47] Kimura, K., Yamato, N., Yamamura, H., et al. Membrane fouling in Pilot-Scale Membrane Bioreactors (MBRs) treating municipal wastewater [J]. *Environmental Science & Technology*, 2005, 39: 6293 -6299.

[48] Laerae, G., Cassano, D., Lopez, A., et al. Mascolo G, Removal of organics and degradation products from industrial wastewater by a membrane bioreactor integrated with ozone or UV/H2O2 treatment [J]. *Environmental Science & Technology*, 2012, 46: 1010 -1018.

[49] Le-Clech, P., Chen, V., Fane, T. A. G. Fouling in membrane bioreactors used in wastewater treatment [J]. *Journal of Mem-brane Science*, 2006, 284 (1 -2): 17 -53.

[50] Lesjean, B., Gnirssb, R., Adamc, C. Process configurations adapted to membrane bioreactors for enhanced biological phosphorous and nitrogen removal [J]. *Desalination*, 2002, 149: 217 -224.

[51] Liang, Z., Das, A., Beerman, D., et al. Biomass characteristics of two types of submerged membrane bioreactors for nitrogen removal from wastewater [J]. *Water Research*, 2010, 44 (11): 3313 -3320.

[52] Lin, H. J., Chen, J. R., Wang, F. Y., et al. Feasibility evaluation of submerged anaerobic membrane bio-reactor for municipal secondary wastewater treatment [J]. *Desalination*, 2011, 280: 120 -126.

[53] Laxmi, N. S., SN Panda, MK Nayak. Optimal crop planning and water resources allocation in a coastal groundwater basin, Orissa, India [J]. *Agricultural water management*, 2006, 83 (3): 209 -220.

[54] Meng, F., Chae, S. R., Drews, A., et al. Recent advances in membrane bioreactors (MBRs): membrane fouling and membrane material [J]. *Water Research*, 2009, 43 (6): 1489 -1512.

[55] Mizunoya, T., Sakurai, k., Kobayashi, S., et al. A simulation analysis of synthetic environment policy: effective utilization of biomass resources and reduction of environmental burdens in Kasumigaura basin [J]. *Studies in Regional Science*, 2007, 36 (2): 355 -374.

[56] Mohammed Sharif, Vageesha Shantha V. Swamy. Development of LINGO-based optimisation model for multi-reservoir systems operation [J]. *International Journal of Hydrology Science and Technology*, 2014, 4 (2): 126 -138.

[57] Nieuwenhuijzen, A. F. V., Evenblij, H., Uijterlinde, C. A., et al. Review on the state of science on membrane bioreactors for municipal wastewater treatment [J]. *Water Science & Technology*, 2008, 57 (7): 979 -986.

[58] Nywening, J. P., Zhou, H. Inganfluence of filtration conditions on membrane fouling and scouring aeration effectiveness in submerged membrane bioreactors to treat municipal wastewater [J]. *Water Research*, 2009, 43 (14): 3548 -3558.

[59] Owen, G., Bandi, M., Howell, J. A., Churchouse, S. J. Economic

assessment of membrane processes for water and waste water treatment [J]. *Journal of Membrane Science*, 1995, 102: 77 -91.

[60] Pearson D., Walsh P. D. The derivation and use of control curves for the regional allocation of water resources [J]. *Water Resources Research*, 1982, (7): 907 -912.

[61] Simin M., Javad S. Water resources optimal allocation with the use of the gray fuzzy programming (Case Study Yazd City) [J]. *International journal of Agronomy and Plant Production*, 2013, 4 (3): 555 -563.

[62] Song, J. N., Yang, W., Higano, Y., Wang, X, E. Introducing renewable energy and industrial restructuring to reduce GHG emission: Application of a dynamic simulation model. *Energy Conversion and Management* [J]. 2015a, 96: 625 -636.

[63] Song, J. N., Yang, W., Higano, Y., Wang, X, E. Modeling the development and utilization of bioenergy and exploring the environmental economic benefits [J]. *Energy Conversion and Management*, 2015b, 103: 836 -846.

[64] Song, J. N., Yang, W., Higano, Y., Wang, X, E. Dynamic integrated assessment of bioenergy technologies for energy production utilizing agricultural residues: an input-output approach [J]. *Applied Energy*, 2015c, 158: 178 -189.

[65] Sun, C. Z., Zhao L. S., Zou W., et al. Water resource utilization efficiency and spatial spillover effects in China [J]. *Journal of Geographical Sciences*, 2014, 24 (5): 771 -788.

[66] Tang, D. S. Optimal allocation of water resources in large river basins: I. Theory [J]. *Water Resources Management*, 1995, 12 (1): 39 -50.

[67] Tangsubkul, N., Beavis, P., Moore, S. J., et al. Life cycle assessment of water recycling technology [J]. *Water Resources Management*, 2005, 19 (5): 521 -537.

[68] Trouve, E., Urbain, V., Manem, J. Treatment of municipal wastewater by a membrane bioreactor: results of a semi-industrial pilot-scale study [J]. *Water Science and Technology*, 1994, 30: 151 -157.

[69] Xiang, N., Sha, J. H., Yan, J. J., Xu, F. Dynamic Modeling and Simulation of Water Environment Management with a Focus on Water Recycling [J]. *Water*, 2014, 6 (1): 17-31.

[70] Xiang, N., Xu, F., Shi, M. J., Zhou, D. Y. Assessing the potential of using water reclamation to improve the water environment and economy: scenario analysis of Tianjin, China [J]. *Water Policy*, 2015, 17 (3): 391-408.

[71] Xu, F., Xiang, N., Higano, Y. Comprehensive evaluation of environmental policies for sustainable development in Jaxing city, China [J]. *Environmental Engineering and Management Journal*, 2015, 14 (5): 1079-1088.

[72] Yan, J. J., Sha, J. H., Chu, X., Xu, F., Higano, Y. Endogenous derivation of optimal environmental policies for proper treatment of stockbreeding wastes in the upstream region of the Miyun Reservoir, Beijing [J]. *Papers in Regional Science*, 2014a, 93 (2): 477-500.

[73] Yan, J. J., Sha, J. H., Chu, X., Xu, F., Xiang, N. Dynamic evaluation of water quality improvement based on effective utilization of stockbreeding biomass resource [J]. *Sustainability*, 2014b, 6: 8218-8236.

[74] Yang, W., Song, J. N., Higano, Y., Tang, J. An integrated simulation model for dynamically exploring the optimal solution to mitigating water scarcity and pollution [J]. *Sustainability*, 2015a, 7: 1774-1797.

[75] Yang, W., Song, J. N., Higano, Y., Tang, J. Exploration and assessment of optimal policy combination for totalwater pollution control with a dynamic simulation model [J]. *Journal of Cleaner Production*, 2015b, 102: 342-352.

[76] Yoona, S. H., Kimb, H. S., Yeomb, I. T. The optimum operational condition of membrane bioreactor (MBR): cost estimation of aeration and sludge treatment [J]. *Water Research*, 2004, 38 (1): 37-46.

[77] Zhang, S. Y., Houten, R. V., Eikelboom, D. H., et al. Sewage treatment by a low energy membrane bioreactor [J]. *Bioresource Technology*, 2003, 90 (2): 185-192.

[78] Pearce D. W. and J. J. Warford. World without end: economics [M]. *en-*

vironment, and sustainable development, New York: Oxford Univ. Pr. Inc., 1993.

[79] Zhang, G. F., Sha, J. H., Wang, T. Y., Yan, J. J., Higano, Y. Comprehensive evaluation of socio-economic and environmental impacts using membrane bioreactors for sewage treatment in Beijing [J]. *Journal of Pure and Applied Microbiology*, 2013, 7 (S): 553 -564.

[80] Zhou, Q., Yabar, H., Mizunoya, T., Higano, Y. Exploring the potential of introducing technology innovation regulations in the energy sector in China: a regional dynamic evaluation model [J]. *Journal of Cleaner Production*, 2016, 112: 1537 -1548.